每個家，都該有主人的樣子

朱俞君——著

推薦序——

平實卻有溫度，這才是家該有的樣子

人至中年，經歷過三次家裡的裝潢，第一次買房找了遠親的年輕設計師來幫忙規劃，年輕設計師有自己對美感的堅持，遇上對裝潢有很多不實際想像的年輕業主，彼此衝突磨合不斷，最後當然以不甚開心收場。

第二次換屋，決定自行設計發包，找了有經驗的工頭幫忙，雖然各工班都能有確切人選，但對預算和時程掌握的不熟悉，最後在超支又因超時得罪鄰居的狀況下收尾。

第三次裝修，因緣際會遇到了俞君，她對工班進度的掌握，以及時程的控管令人驚豔，同時對於自己美感想法的表達也進退有據，讓身為業主的我們也能偶有表達自己獨創巧思之處。最重要的，她真的是以我們居家生活做為出發點，用心設想在我們生活習慣裡，動線以及家庭的重心配置，讓我們家多了很多溫度。雖然她不會推薦各種新式酷炫的智慧居家設備，也沒有超現代風格的極簡設計，但參觀過我們家的朋友都說，這才是家該有的樣子。

對於能有這樣美好的裝修經驗，真的要感謝經歷多次搬家的俞君，她以自己的家做為實驗室，透過不斷的換屋裝修，只為了找尋居家裝修真正的意義；對於俞君的先生，能夠如此配合太太頻繁的換屋搬家，心甘情願把自己當作行李隨時被打包帶走，只為了成就設計師的理想，我是深感佩服。世間能有如此的夫妻，能夠認識他們真是有趣。

直通國際股份有限公司首席顧問

作者序──

最好的設計，源自生活

兒子六歲那一年暑假，我們帶他去北海道舊地重遊，在經過了五天吃好、住好的旅行後，沒想到兒子在我打開家門時，舒了一口氣說：「終於回到我舒服的家了！」原來，「家」才是他最眷戀的場所。

孩子簡單的一句話，卻是我多年努力的回饋。我童年時，隨著父母兩岸三地遷移，那時期的物質並不富裕，但父母總是能憑著努力，給我們一個簡單又溫暖的家，愛做家事的父親，把家整理得井然有序，堪稱舊時代的新好男人；愛美的母親，彷彿對色彩的搭配特別敏銳，過年過節時，喜愛將平凡的居家妝點得更漂亮舒適。透過每日平淡的居家生活，感受父母的付出，「家」也積累成堅固的心靈港口，或許這也影響了我，為什麼在設計的領域中，選擇了最不能淋漓揮灑「創意」的住宅設計，作為我主要專長。

當我開始與另一半建立屬於我們的新生家庭時，我滿懷自信，以為憑著所學，足以輕而易舉地打造自己的理想居家，或許在美學上得以發揮，但在生活機能上，卻總是有不盡完美之處，這時我才驚覺，原來多年以來，我是很「用力」的在做設計，卻沒有很「用心」的在過生活，單身階段，似乎全心的投入工作，「家」只是個睡覺、盥洗的場所，停留的時間少之又少。

想當然，這時期的空間創作大多成了缺少生活溫度的「無感宅」吧。回想起來，難怪當時朋友來到我第一個家時，還以為那是我們的度假住宅呢，因為所有的生活用品都被我「藏」起來了，簡約到幾乎是零雜物的境界。

熟成，是需要時間和養分的，這養分來自於父母潛移默化的環境教育，這養分也來自於和先生、和孩子共同生活的體驗，但最營養的，是多年來與我分享他們的生活面貌，一起拚湊出家的設計、眾多的業主們。

時間讓我明白，最好的設計，皆源自生活。

前言——

經歷搬家、租屋、買屋，終於找到家的樣子

我發現搬家、租屋、買屋都是一個找尋適合自己生活方式的過程，我在四年間搬了七次家，狀態從單身、結婚到生子，期間的每一次轉換，其實都是來自於生活的反饋，因為自己的人生還沒有定型，所以許多生活的需求也一直有所變動，對家的想像也一直在調整。到了現在，生活已經上了軌道，我終於找到了最適合我們一家生活的方式，連孩子都會說「回到我舒服的家」。而這一切演變，都要從我的第一間房子說起。

第一次裝修自己的家——只有風格美學是不夠的，兼具美感與務實機能，才是舒適好住的房子

第一次買房子的時候我還是單身，當時先買了內湖的預售屋，那是一間三米六的夾層屋，希望能結合工作室和住家，夾層的部分可以做臥鋪，下方可以做我的書房和工作室，當初吸引我的地方是房子的地點離捷運站近、交通方便，又有一個大露台。

結果買了房子一年之後，房子還沒蓋好，我就認識了我先生，而且很快的我們就決定要結婚了。可是我先生是一個怕吵的人，不喜歡這間靠近捷運的預售屋，所以為了找尋適合我倆的空間，我們大概又看了半年的房子，最後結合先生喜歡清靜、預算不要太高，以及離我娘家很近的優點，我們買到了北投行義路上靠溫泉區的房子。

親手打造了夢想家，才發現夢想與現實的差距

這是我第一次有機會裝修自己的房子，那時候才新婚，多少有些不食人間煙火，因為地點在溫泉區，一心覺得回家就是度假，所以房子裝修成飯店式風格，做了一個非常大的浴缸，想著整個人可以放鬆的在大浴缸裡泡澡該有多舒服、多享受，結果真正入住後才發現，光放水就要半小時，原以為可以窩在家裡享受度假，但其實忙碌的我們回家差不多就要睡覺了，根本沒有時間可以品味悠閒的氛圍。

而且為了美觀，我將廚房的電器用品都設計放置在櫃子裡，所以煮個飯得把電鍋搬出來，煮好再放回去，一看就知道不是日常過生活的設計。

當時覺得買了房子應該會住很久，所以很願意花錢在建材上，而且壓根沒想過以後如果要生孩子適不適用，裝修的風格完全是我自己喜歡的樣子，東方禪意的療癒設計，甚至做了很多建材上的實驗，趁這時候把幫客戶設計時沒機會用的材質都試試看，所以我做了白色無接縫磨石子地板，不僅好清潔又好看，因為沒經驗，還想過如果有小孩就可以直接在上面爬，後來才發現質地冰涼的磨石子地根本不適合小孩子。

打造自己的房子，讓我更了解裝修的意義

有了孩子以後，不僅客廳的茶几要收起來鋪上安全地墊，所有有直角的地方，也要包上安全泡棉。當時規劃房子的格局時，因為完全從美的角度出發，一些機能並沒有考慮得很清楚，主臥離嬰兒房隔了餐廳和客廳，雖然兒子出生後，直接把嬰兒床放在床尾跟我們一起睡覺，但他的東西都放在嬰兒房，所以只要拿尿布、衣服，就得繞過去拿，這樣的格局規劃純屬自找麻煩，半夜如果有需要時，根本爬不起來，幸好兒子很配合，很快就睡過夜了，不然真的非常不方便。

這是身為設計師的我第一次裝修自己的家，而真的入住之後，內心開始有很多反省，以前我會覺得我在幫客戶設計時很用心，不僅兼顧美感，也多方考量善用建材，自我感覺也一直很良好，可是原來我的想法並不夠務實，客戶得到的是風格美學，卻沒有真實生活中的貼心機能，也許因為自己人生的經驗也不那麼足夠，想想那個時候，我並不知道自己想要一個什麼樣的家，後來因為小朋友的托育中心和先生的工作都在市區，每天都要花非常多的時間通勤，於是沒多久，我們賣掉了房子，開始尋找下一個居所。

北投行義路上靠溫泉區的住宅
坪數：30坪
格局：2＋1房、2廳、2衛

上。飯店級的透明浴室及超大浴缸，每次注滿水要半小時，既不環保又費時，讓泡澡變成奢侈的事。
下右。冰冷的磨石子地板及需要小心愛護的竹面海島型地板，小孩學爬階段到處都得鋪上保護墊。
下左。有稜有角的傢俱，常得擔心還走不穩的孩子撞到頭。

將住家與工作室結合的新嘗試——四十坪的房子實際使用不到一半，開始反省對空間的需求

為了能兼顧家庭和工作，我決定把下一個居所和工作室結合，於是我們一家三口住進了另一個將近四十坪的房子。當時考量要滿足當下的需求，需要比較大的空間，在經濟的考量下，我們並沒有馬上買新的房子，而是選擇在離捷運近、周邊有公園和圖書館的地方租了一間新成屋。

因為是新成屋，基本上格局不用做什麼大調整，不過因為同時是工作室，要滿足接待客戶的需求，所以我稍微粉刷了一下，又鋪上了壁紙和可拆卸的超耐磨地板，加上傢俱，我們一家人正式入住，但這時候，我對生活的想法已經不太一樣了。

以小孩為中心，重新定位空間的應用

那是一間標準的四房格局，我把這四房劃分為主臥、兒童房、工作室和客房，因為有時候婆婆可能會來台北看孫子，所以特別準備了客房。這次我把兒子的兒童房放在主臥的隔壁，而且在訂製餐桌和椅子時，也特別考慮到小孩的舒適高度，因為住家同時也是工作室，每天早上把兒子送到幼稚園後，就是客戶來訪洽談公事的時刻。

不過後來才發現學齡前的孩子，根本不可能一個人在兒童房玩，即使自己玩著玩具，也會時時渴望得到父母的關注、不時要叫喚一兩聲「媽媽」，所以我常在的開放式客餐廳，反而是他主要的遊戲區。雖然有替兒子準備兒童房，玩具也都在裡頭，但他平常不是在客餐廳玩，就是和我們睡，到頭來兒童房成為兒子的物品收納間。而客房一年下來大概只會使用一兩次，仔細看平面圖中竟有一半的空間是沒有使用到的，可見我們其實並不需要那麼大的空間。

而兒子常在客餐廳活動這件事，也讓我有了另外的體悟，在孩子還小時，開放式的客餐廳很符合我們的需求，除了可以讓空間感變大之外，也可以隨時看得到孩子在做什麼，而這年齡的孩子也不存在隱私的需求，能時時和父母在一起才是他們需要的。有孩子後，大幅度改變了我對家的需求和想像，也讓我在設計時有了不同的視角，更能貼近客戶的生活面。

重新思考想要的家庭生活模式

後來隨著工作量的增加，住家和工作室合一漸漸不敷使用了，我需要更多的工作夥伴支援，而在母親的這個身分，我也逐漸上手，孩子慢慢長大，也不需要這麼多時間陪伴了。除了有需要把兩者分開之外，在我心裡也開始隱約有種想法，就是我想要有自己的家了，即使不大也好，於是我又搬了一兩次家。

先是在兒子幼稚園附近租了房子，工作室和住家都在附近。不過那時候一方面還沒決定自己到底要找什麼樣的房子，另一方面，看著房價不斷上漲，要再買回當初的坪數似乎不可能了。直到帶著兒子回香港探望親友，才找到答案。

這次的旅程中，我開始回想在香港過的童年時光，一家人生活在不到十五坪的房子，卻因為長輩善用空間的智慧，我們並沒有因為空間狹小而影響生活。雖然是典型的香港鴿子籠，卻沒有緊迫感，香港二伯父住在這十坪不到的房子裡，即使空間不大依舊整理得窗明几淨。剛好也在寫上一本書時，我決定再找一個小坪數的空間，來驗證我這些年來對於空間和生活的想法。

中和四號公園住宅

坪數：40坪

格局：4房、2廳、2衛

兒子喜歡到處探索，從廚房抽屜到我化妝台上的保養品，就是不乖乖在他房間玩準備好的玩具！

上。裝修時沒有想到孩子大部分時間都在客廳玩玩具，客廳只營造美感，少了收納玩具的功能。
下右。獨立的封閉式兒童房，變成置放衣物及玩具的閒置空間。
下左。因為是住家兼工作室，所以劃分出一塊區域作為辦公區。

在十五坪的家，找到一家三口的適切生活——

空間大小並不是生活舒適的唯一條件，找到適合的生活方式才是

在心裡渴望安定的需求和房價上漲的考量下，我們換到十五坪的房子，其實原本連我先生也很懷疑這樣的坪數真的可以容納我們一家完整的生活需求嗎？不過後來證明這裡不僅完全滿足了我們的需求，也讓我們真正有安定下來的舒適感。

思考一家的生活模式，捨棄不必要的空間

因為前幾次的居住經驗，讓我重新思考了我們一家的生活模式，在空間有限時我的取捨是什麼？首先我在平面規劃時捨棄客廳，因為對我們而

言，客廳其實就是看電視的地方，把工作室分開之後，家裡待客的需求並不高，反而餐廚空間才是我們一家的重心，餐廳的大長桌幾乎承載了全家人的生活，一早的生活從大長桌吃完早餐，然後上班上學開始，而回家之後，我們在大長桌上吃飯聊天，飯後繼續各自處理公事、寫功課、閱讀等等，直到時間差不多了，一家才各自洗澡上床睡覺，結束一天生活。

有了之前幫兒子規劃兒童房的經驗，我不再為兒子打造一個獨立空間，取而代之的是半開放式空間，可以同時兼做起居室、遊戲間和兒童房，採拉門設計，裡面放上沙發床，白天是沙發，晚上只要把床拉出就可以安心入睡。

將空間充分利用，家人感情也更緊密了

我們的主臥，除了睡覺之外幾乎用不到，所以只需要可以放置一張床的大小就好了。因為主臥空間不大，所以利用樑柱下的內凹處設計櫃子，把容易看起來雜亂的區塊藏起來。另在臥室和浴室間隔出三人共用的更衣室的空間，不論是整理或使用上都更方便。即使空間狹小，我還是在浴室塞進了小浴缸和淋浴間，對於怕冷且平日用腦過度的我，泡澡才是人生之必須。就這樣才十五坪的空間被充分利用，我們的生活並沒有因為空間變

小而有不便，反而感情更緊密了。

到了這裡，屬於我們家的樣子正式成形，即使日後搬家，空間規劃也會以這裡的雛型微調。當然我沒想到機會來得這麼快，我們又在同社區找到了可以讓孩子養寵物，也讓我能擁有夢想的綠意陽台之處。

每一次的搬家，都更清楚對家的需求與渴望

而這間十五坪的房子因為本來就有考慮出售的可能，所以規劃時從原先一房的格局，又在主臥之外隔出了一間房，而捨棄客廳做成的半開放式空間，同時可以做起居室和兒童房，這樣一來從新婚夫妻到三口之家都能適用這個空間。後來第一次約看房就被一對準備結婚的未婚夫妻買走，因為在未來十年間，這間房子的格局都能滿足他們的需求。

而當初除了出售之外，我也想過如果不賣，留給爸爸媽媽當作退休後的居所要如何調整，和我們不看電視，全家主要活動空間在廚房的大餐桌上不同，爸爸的生活中心在客廳，每天都會花很多時間看電視，那麼只要調整一下大餐桌，變成一個小餐桌，一個小客廳一樣能符合爸媽的需求。

也許到了這裡，大家也能發現，**空間的大小並不是生活是否舒適的唯**

一條件，找到安頓自己的生活方式才是，很多人並不能理解我為什麼這麼頻繁的搬家，但其實每一次搬家，我心裡很清楚自己的目的。**人有時候必須要認清自己手中擁有的資源，了解想要過的生活，才能透過房子這項硬體來完成理想的生活型態**，不然即使住在上百坪的房子裡，也無法過著夢想的美好人生。

湯泉小宅
坪數：15坪
格局：2房、1廳、1衛

餐廳是全家的重心，我們會在這裡吃飯、辦公、寫功課、閱讀聊天等等。

15 坪的三口之家

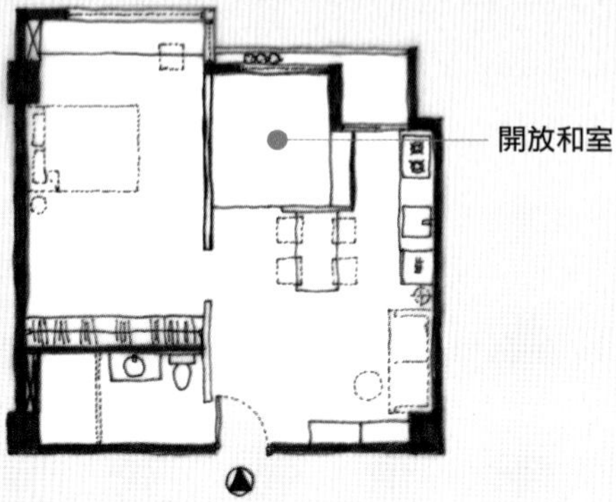

Before

After

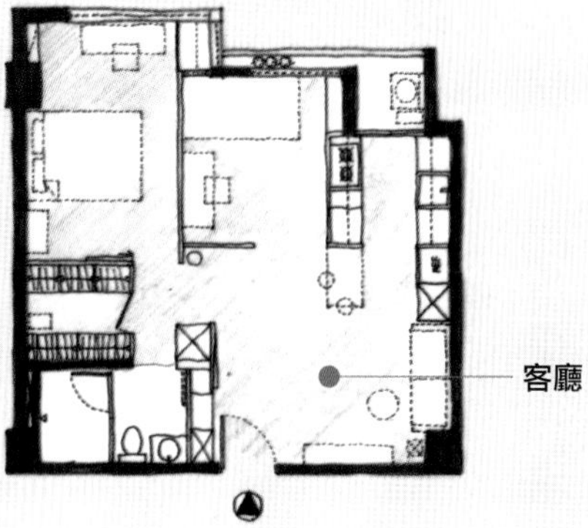

有客廳的格局

上、下右。利用拉門打造半開式的空間。平常為小孩的遊戲區，也可兼做起居室，擺放可拉式的子母床，晚上可以作為兒童房，客人來訪時可作為客房。
下左。泡澡是我下班後的放鬆時光，所以規劃了一個空間放入了小浴缸。

39 坪的香草陽台夢想家

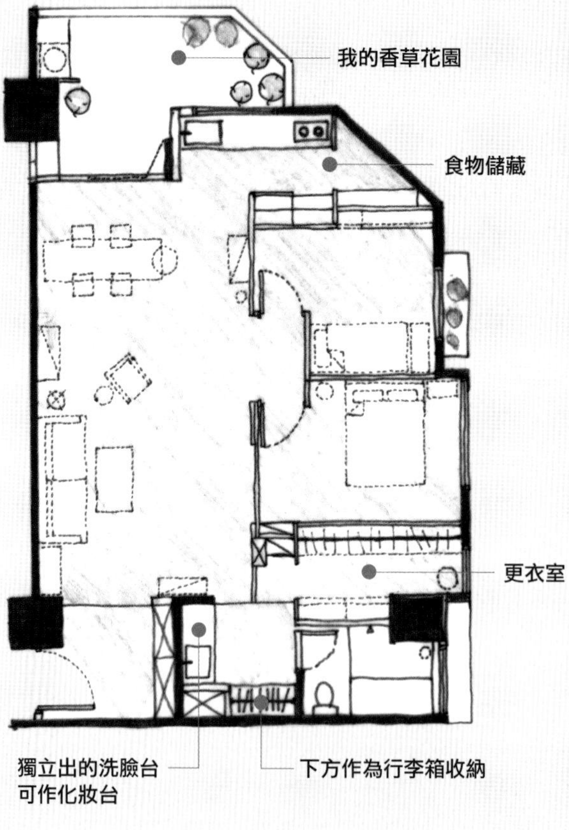

上。因緣際會下，搬到了 15 坪小宅同社區的夢想家，隔局相似，但因空間變大，滿足小孩想養寵物及我想種花草的心願。

下右。這一個小陽台，讓我在忙碌生活之餘，擁有親近自然的機會。

下左。為上小學的兒子，打造專屬的房間。

Chapter

1

心之所向，找到好感家的樣貌

每個家，都該有主人的樣子

美麗的裝潢風格照片，總讓人心神嚮往，
也許能夠拼湊出對空間的想像，卻找不到家的味道。
一個美好的家，不僅需要滿足生活上的基本需求，
更重要的，是切合心理上的想望，甚至承載夢想的力量，
我深信，「家」能引領主人遇見更好的自己。

每個家、每個角落，都應該留點位置，用來堆積與生活、與家人的情感。

做室內設計工作多年，我常常覺得我設計的不是風格，提供的也不是標好售價的空間裝潢，我和屋主一同規劃的其實是他們未來五到十年、甚至更久的人生。

最貼近生活的家，才能舒適長久

這樣的說法也許有人會感到不可思議，但仔細想想，房子和我們的關係如此密切，鮮少有人是一天到晚在搬家的，重新租賃一個居所、慎重又慎重的買下了屬於自己的房子，代表的往往是人生新階段的開始，也許是結婚、也可能是生子，投注時間、金錢、心力找了設計師規劃，當然希望能夠擁有最適切的生活空間。

不過，許多人滿懷希望把一切交給設計師，以為就能得到完美的空間、美好的生活，但往往入住新家後，才發現有些地方似乎不盡理想而有所遺憾或抱怨，是哪個環節出了錯呢？是設計師不夠貼近你的所需？還是你真的知道自己想要的是什麼，而且清楚的和設計師溝通了這些需求？

即使身為設計師的我，多年前在規劃自己的房子時，卻也因為考量不夠精準，而發生了失誤……。在兒子剛出生時，我一腔熱血的幫他規劃了完整的兒童房，從孩子的身高、舒適度、安全和收納都一一考量進去，但想像中孩子在自己房間裡玩耍，如同居家雜誌一樣的畫面，幾乎一次也沒出現。

因為沒考慮學齡前孩子最需要親人的陪伴，兒子幾乎都在我最常活動的客廳裡玩耍，待在兒童房的時間少之又少，理當是門面的客廳總是堆滿了孩子的玩具，考驗我的收拾速率，而兒童房卻成了冷宮。因為沒有真正站在孩子的作息和生活動線上思考，原本的用心成了不切實際。

用心思考生活的全貌，才能找到家的樣貌

所以，千萬不要覺得設計師可以輕易的完全了解你的生活全貌，如果屋主沒有認真思考生活的根本，把風格和形式放在第一位，圖紙上美好的設計往往會偏離生活，讓應該和生活同步的家，變成樣品屋，失去了家的味道。**每個家，都應該有主人的樣子，它理當和你的人生階段接軌，呼應著你的需求，呈現你自己的樣貌。**而不是為了遷就某種風格、或者空間現實，反而生活得彆彆扭扭的。

如果你也認同這樣的想法，那麼這個家的第一個設計師，應該是你和你的家人。房子是外在的硬體，你們才是家庭運作的主宰，花點心思想一下你們每日生活軌跡，最常待的地方，每個活動的細節，也許關於設計的

雛型已經出現，而**一個美好的家，不僅該滿足你生活上的基本需求，也應該切合你心理上的想望，甚至承載著你夢想的力量**，我深信，好的「家」能引領每一位主人遇見更好的自己。

舒適怡人的空間，是戀家的最好理由。

寫下屬於自己的生活腳本

「裝潢設計是什麼？」
是材質的講究、風格的定義、亦或是具設計感的呈現？
家的設計，其實是為生活找到適切腳本，
讓屋子裡的每一個人，都能感到舒適傾心。

一個完善之家，應該具備什麼樣的條件？其實沒有人可以告訴你，答案在於你的生活。別人擁有的，不見得適合你。

許多人在進行裝潢時，往往以為找到喜歡的設計師，並把風格圖片給設計師參考，就可以放心地把一切交由設計師處理並等待驗收了！不過事情當然沒有那麼簡單。

理性、務實的思量每一個生活場景

前一陣子，剛好接到一個將近四十坪、一家四口的案子，起初看到平面圖時，我愣了一下，因為這間房子只有一個主臥、一個小書房，等於全家人都睡在同一個房間，爸媽睡大床，而已經上國中和小學的孩子，則睡在旁邊的上下鋪。

房子在結構上也有一些具設計感、但大大干擾動線的圓弧型，看得出來當初應該花了不少錢在裝潢上，呈現出來的卻是美觀卻缺乏真實生活感的設計，住了幾年之後，業主實在覺得住得不舒適，原本想過要賣掉再重新買房子，後來再三思考週邊的生活機能後，還是決定將房子重新整理過再住。

如果當初能夠先清楚思考過家庭成員的生活場域，業主也能和設計師更務實的表達需求，相信在後續裝潢時應該會有完全不同的風貌。

善用平面配置圖，打造生活腳本

很多人往往不知道，家的第一個設計師是你自己，當你想像自己想要住在什麼樣的空間時，就是設計的開始。也許你知道要蒐集喜歡的風格圖片，方便和設計師溝通，這是最直接的第一步，但僅只於外在的形式，如果只停留在這裡，你可能會得到 A 風格的壁爐、B 風格的浴室，一個拼貼出來卻住起來不貼心的地方。**比起風格、材質這些內容物，該先思考的應該是架構，也就是平面配置。**

這是一部戲的腳本，也是你的生活腳本，角色可能隨時間成長、增加（家庭成員），場景可能隨劇情變換（傢俱調配），燈光和色調也可以視實際情況再做微調（家飾布置），但腳本定了卻很難改變，一間房間無法馬上隔成兩間房間；不煮飯的閒置廚房，無法馬上變成起居間；太特別的格局，因為看房的人可能看不到房子的優點，即使要賣也比較困難。

生活在有靈魂的空間裡

案例中的屋主，在溝通之後，我重新為他們畫出了新的平面配置圖，除了隔出一個主臥給父母，一個次臥室給小孩之外，也將廚房的空間拆分出來，因為他們平常都是回婆婆家吃完飯才回家，家裡的重心不是餐廳或廚房，而是一個可以容納全家人一起作業的起居空間，我在多出來的空間裡，放入一個大型的共讀桌讓孩子們可以在工作桌上寫功課，也能讓爸媽處理工作的瑣事，一起閱讀閒聊。

同一間房子，竟然可以因為每個家庭生活腳本的不同，而有了完全不同的設計。而找出最適合你的平面配置就是在寫生活腳本，在思考的同時，你會發現屬於你和家人的靈魂空間，也進一步重新定位這個家庭現在到未來的每天日常。

平面規劃對我來說，是會讓我沉迷的遊戲。

沿著生活的全貌，找到好家的樣貌

許多人在裝修前，總是向外收集資料、做足了功課，迷失在許多風格照片裡，卻忘了「向內探索自我」。你是否了解自己的生活習慣？對什麼東西有著無法妥協的執著？過去的居住或旅行中，有過什麼樣的美好經驗？沿著這些生活的記憶，才能找到家的真正樣貌。

曾經我以為我已經找到家的適切模樣，卻在真正入住、實際生活後，發現不完美之處，原來關於家的打造，可以思考的更多、更仔細。

遇到新的業主諮詢時，我總希望可以知道多一點訊息，除了房子的屋況外，業主本身的資料也至關重要，例如：這是你第一次購買的房子嗎？你從事的職業？你的年齡？我也會從這些線索中為業主量身規劃他的生活腳本。

裝潢，需融合理性與感性

在我的經驗裡，不同職業、不同性別在意的地方幾乎是全然不同的，當然所衍生的設計方案也天差地別，例如：從事科技業品管工作的男性，他們對空間的想法很理性，對3C和科技有比較高的敏銳度，可能會為未來產生的需求預留更多的管線、對施工品質和建材物料也有更多的要求。在此同時，設計師可能也要從時間和金錢的層面，提醒業主需在品質和預算中找到平衡點，以免過度專注於細節而影響整體。

而絕大部分的女性，可能更在意的是美，也就是風格形式。值得玩味的是，風格也有所謂的流行性，前幾年當紅的是比較少女的鄉村風，而最近的風潮則是北歐風，許多人可能會因為流行而選擇某種風格，卻忽略了是否與自己的生活型態一致。

喜歡的風格，不見得適合自己

簡約清爽的日系清麗風格，看起來非常舒服有質感，也是許多人喜好的風格，但這樣的設計其實需要個性上比較嚴謹、愛整潔的人才能維持空間一貫的清爽乾淨，甚至有小孩的家庭也不太合適，除了小孩的東西多，本來就有收納上的實務考量外，兒童使用的各種配飾幾乎都是色彩繽紛、童心十足的可愛樣式，放在低彩度的素淨空間中完全格格不入，像這樣屋主和空間調性不同的搭配，雖然不會造成生活上立即的困擾，但是想想好不容易打造出的風格居家，一入住就破功，豈不是太可惜了。

向內自我探索，找到真正的需求

因此在溝通設計時，除了向外收集資料找出喜好之外，更多時候你需要的是向內探索，仔細思考你過去生活中的居住經驗，也許是旅行中的美好住宿，也可能是生活習慣和硬體不協調的檢視，這對第一次購屋和第一次裝潢的人來說並不容易，所以當我和業主溝通時，我總會不厭其煩的像記者一樣的一一詢問，唯有深入的了解業主真實的需求，我才能量身打造適合他，而且也是他期望的生活腳本。

上。能讓人自在的家，才是我信仰的。
下。小朋友的玩具、配飾多樣，且色彩鮮豔，需多加考慮收納空間與顏色的搭配。

發掘屬於你的美好居住經驗

兒時的居住記憶，影響著長大後的我，
關於空間配置、收納應用、喜歡的空間……
原來這些喜好都是其來有自的，
而你，可曾仔細體會過自己與居住環境的連結呢？

從過往的居住脈絡中，尋找自己喜歡的空間角落。

關於居住經驗值，對於搬過很多次家、去過很多地方旅遊的人，也許可以整理出比較多的脈絡，有了比較，對於空間的配置也能有更多的想法，然而有時候居住經驗也會從不同方式反映在你的生活中。

一只折疊桌、一張沙發床，收納起一個家庭的日常

從我個人的經驗出發，我在香港一直住到了小學畢業定居台灣，香港地小人稠，所以大部分人的居住空間並不寬敞，當時我們家不到十五坪就住了六口人，因為空間小，所以香港幾乎家家戶戶都有一只方型的折疊桌。

我記得每天從學校回家，就可以看到婆婆媽媽們在廚房忙著，差不多晚飯煮好了，孩子們就會把折疊桌拉出來，墊上報紙，放上碗筷，一家人熱熱鬧鬧的吃完晚飯。接著，婆婆媽媽們去廚房整理碗筷切水果，大人在沙發上看電視，而孩子們又繼續拿出功課在折疊桌上寫，等到功課做好，一天也要告一段落了。這時再把折疊桌立起來，把沙發拉成沙發床，孩子們排排睡在沙發床上，一只折疊桌、一張沙發床，就這樣收納起一個家庭的日常。

想要擁有與家人相聚的空間，還是個人獨處的場域？

小時候有些擁擠卻十分溫暖的記憶一直在我心中，也影響我在居家設計的概念，我習慣預留較大的開放式空間在家庭的共用空間，而臥室，在我的想像中，只是睡覺的地方，可以做得小一點，一家人理應花更多的時間相處，不論餐廳、客廳，一個家都該有一個讓所有家人共處的起居空間做為家的中心，而我也不遺餘力的把這樣的想法透過設計和業主分享。

每個人不同的居住經驗，也會影響他對家的想像和憧憬，我也聽過和我一樣在幾乎是開放式空間成長的業主，成了對個人空間格外重視的人，在設計時特別註明要一個大浴室做為他的獨處空間，畢竟每個人都需要一些能完全放鬆的場域。

無時無刻保持對生活的感受，設計自己的居住人生

而在思考自己的生活腳本時，過往的居住經驗就是非常具有價值的參考範本，每次向內挖掘，或多或少都會有些不同的收穫。那麼何時該構築你的生活腳本呢？我建議只要當你決定入住一個地方，也取得居住權之後，就應該為自己設計接下來的人生了。

無論搬了多少次家，可以讓家人相聚的大餐桌，是我們家的必備元素。

建構一個可以伴隨成長的家

有些人的房子可能一住就是二、三十年，
甚至是一輩子……
在這個房子裡，經歷了結婚、生子、小孩成長等人生階段。
生活居住的需求往往隨著時間而改變，
符合現在、預留未來的空間，
才能與家一同成長。

家的格局無法說變就變，一定要仔細考慮現在與未來的需求。

在構築屋主的生活腳本時，通常我會界定為兩種層次，一個是當下的需求，另一個則是未來的需求。滿足當下的需求很重要，但需求也會隨時間而有所變動，如果能在之前就做好打算，居家空間就能更貼合你的每個人生階段。

保留空間彈性，為未來預做考量

因此在規劃裝潢設計前，有兩個問題是我一定會問的，如果房子是買的，我會問房子希望能住多久，是考慮長期持有，或者有出售的打算。因為如果之後有換屋或出售的打算，著手房子的格局時必須大眾化一點，起碼對應房子坪數應該有的房數，出售時會比較有利。像是坪數四十坪，只有一房的格局，出售時是非常困難的。

另外一個問題則是會考慮有小孩嗎？希望有幾個小孩？當然生孩子這件事無法強求，但也不能完全不考慮。我遇過一些三十歲左右的新婚夫妻，因為能力有限，買的房子可能實坪只有十幾坪，雖然可以隔成兩房，但因為當下沒有想過要有小孩，所以希望直接隔成一房，通常我會建議他們可以保留彈性空間，因為也許過了幾年，搞不好人的想法也跟著變了，有些人則可能意外有了孩子，既然有一定的機率，可以為現在的需求做成開放空間，但預留軌道，之後如果想要再隔出一房，直接把門裝上就可以了。這些情況也許離發生還有一段時間，但在檢視自己的生活腳本時，不能不預做考量。

符合現在生活，串聯未來人生

事實上在規劃下一階段的準備上，在華人社會中永遠不嫌早，未雨綢繆是父母的天性，我曾遇過屋主的媽媽在他唸高中時就買下了當時三樓住家上的四樓和五樓加蓋，預備做為他成家後的住所，等到他三十歲左右真的開始準備婚事了，便著手重新裝修房子。

雖然光是四樓兩個人住已經足夠了，但為了以後可能生育的規劃，除了在四樓預留一個兒童房兼客房的配置，在小孩小的時候可以就近照顧外，五樓則劃出空間做成一個開放式的大書房，除了現階段可以使用，以後有了孩子，也可以在書房區陪孩子遊戲、寫作業，而這樣的平面配置不僅能符合現在的生活，也串聯到未來人生，這也大概是我遇過最積極規劃下一階段的案例了。

上。現在的兒童遊戲房，將來可作為孩子的臥房。
下。注重「裝潢風格」，讓人擁有「美觀」的家；從「生活習慣」出發的設計，能帶來「幸福感」。

好空間，讓你遇見更好的自己

喜歡個人獨處的小角落？
也許是在浴缸裡的泡澡時光，
或是一張可以靜靜閱讀的搖椅，
就能沉澱疲憊的心靈。
喜歡與家人共享生活點滴？
找到全家人的共同興趣，打造一個舒適放鬆的場域。
找出喜歡的生活方式，用空間善待自己。

從過往的居住脈絡中，尋找自己喜歡的空間角落。

如果收納空間是在整理自己的人生，那麼設計家，就是創造自己的未來，在過程中，你必須檢視過往、面對當下，同時展望未來。也許有些人會覺得太誇張，但是由空間映照內在往往再真實不過。當你起心動念為自己的可能性預留一個空間，也許真的會在未來的某天開花結果。

留一個實現夢想的空間給自己

在設計師的身份之外，其實我一直很喜歡料理，也覺得做菜應該是很簡單又很愉快的事，但是對很多人來說並非如此。每次我隨手把當天做好的菜拍照上傳到群組分享時，總會收到很多教學邀約，起初我想應該是朋友的溢美之辭，雖然有點小得意，但沒有太當成一回事。後來發現喜歡烹飪，但又覺得做菜很難的人還真不少。

和人分享做菜的過程中，我開始對我的廚房有了新的構想，除了原本的開放式廚房之外，我想要有一個可以面向客人的中島，有爐台可以使用，在中島前面直接放上一個大餐桌，這樣我就可以和朋友面對面的示範做菜，也方便一面閒聊一面做菜，甚至是邊做邊吃。而後，我真的把這樣的構想實際的用在工作室上，於是我度過許多個假日的小小廚藝分享時光。

空間擁有改變人生的魔力

這個廚房是我另一個身份的起點。當然，距離真正的烹飪老師還很遙遠，但是不妨礙我一個又一個新的計劃，像是暑假親子同樂的兒童烹飪班，還有我一直想找一些有年紀的婆婆來教做菜，一來可以讓她們退休後的生活有點寄託，再者也可以傳承一些可能慢慢被遺忘的老味道。這些原本和我的設計師人生一點關係都沒有的想法，卻因為廚房的改變，突然有了實踐的可能性。這只是一個廚房的改變，而把一個廚房放大到整個家庭時，會有多少意想不到的事呢？

所以除了考慮基本需求以及心理層面的需求，不妨為自己的夢想留一個空間，讓家有主人的樣子之外，也為主人的未來畫下理想的輪廓，那該是件多麼讓人高興的事。

日常每天，就是不斷的為家留下生活感的軌跡。

用平面配置圖，寫下你的生活腳本

平面配置是一個家庭的生活腳本，當你改變了平面配置，生活也會隨之大不相同，因為平面配置的考量會影響後續所有的安排。在有限的空間裡，如果要照一般居家設計均分成客廳、餐廳、廚房、臥室，沒有思考生活中心的配置，就會讓每間房都小小的，不但無法切合生活，甚至有些空間一年也用不到五次。

然而當你為自己的生活找出中心點，並以此延伸出新的生活腳本後，真正貼合你的家也隨之出現。以下便是透過平面配置影響一個家庭生活的案例。

case

1

以美味建立的夢想居家

坪數：實坪28坪

家庭成員：夫妻、兩個小孩一男一女

屋主在婚後搬入這間屋齡四十年老公寓，這間傳統長型格局的房子，廚房被放在最後面，空間十分狹小，對於婚後成為全職家庭主婦的女主人而言，每天必須在狹窄的廚房中下廚已是不易，對於愛好烹飪的她更是痛苦，於是我們將廚房拉到家的中心位置，重新建立一個以美味為主題的居家空間，改造之後，女主人笑說每天都像在天堂一樣。

重新規劃後，將廚房拉到中心位置，成為這個家庭的重心。

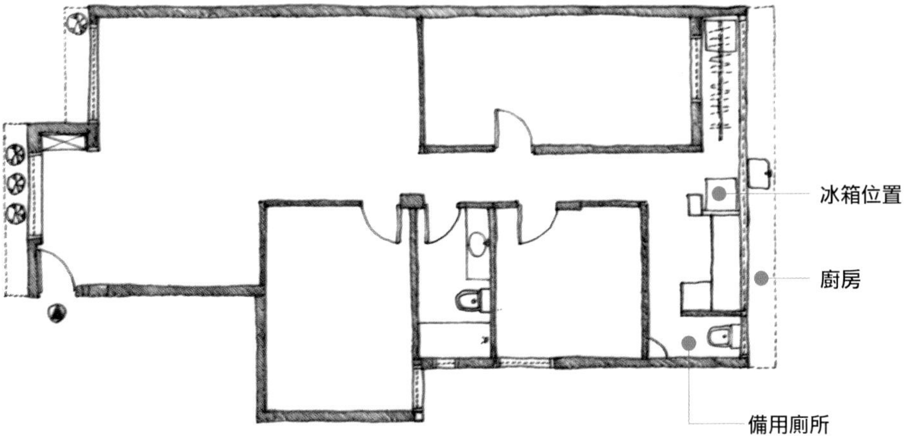

Before

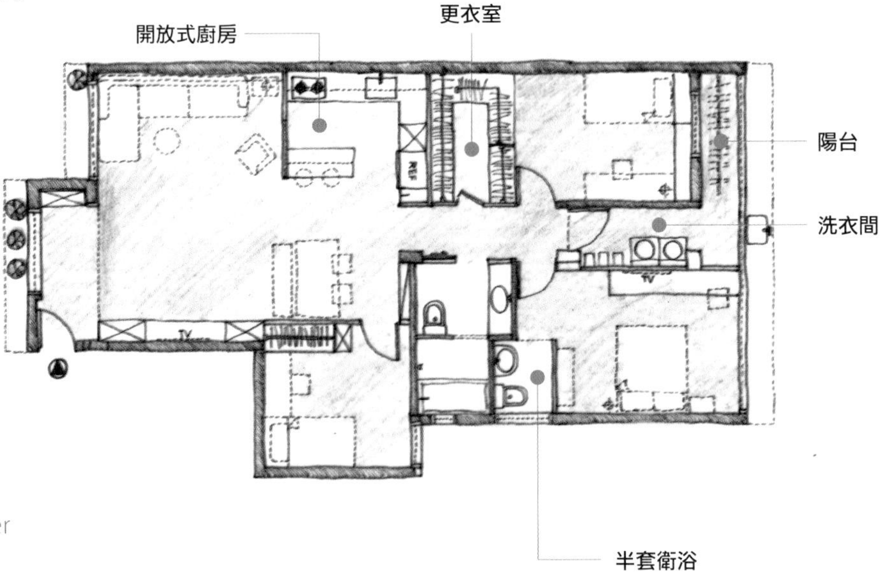

After

Before

- 廚房在最後面，狹小的空間旁邊是單獨設置的馬桶。

After

- 把廚房拉到房子的中心，做成開放式的中島廚房餐桌，讓女主人可以一面下廚，也能兼顧三歲的小女兒在一旁遊戲或吃東西。
- 在不用的走道加入洗衣間以及置物空間，增加收納機能。
- 後陽台讓出空間給臥室，作為閱讀空間。
- 主臥室不放衣櫃，在浴室旁增加更衣室。

以藍白色系打造的衛浴空間。

case

2

以藏書為中心的書香之屋

坪數：實坪45坪
家庭成員：夫妻

初次會議時，我以為屋主的衣服會很多，沒想到他們的書更多。從事藝文創作的屋主，因為熱愛閱讀，長年累月的積累下，有近兩千冊藏書。為了讓心愛的藏書能有完整的棲身之所，因此以此為中心改造空間。透過平面配置的調整，讓喜愛窩在家裡的屋主，在家就是充滿書香的咖啡廳。原有規劃書房區及客房，但深思熟慮後，覺得更喜歡在大餐桌享受咖啡及閱讀的樂趣。另外，客房使用的頻率實在太低了，乾脆用可收取的上掀床替代。

一大面書櫃，讓藏書能被妥善擺放，也能為空間帶來知性的氣息。

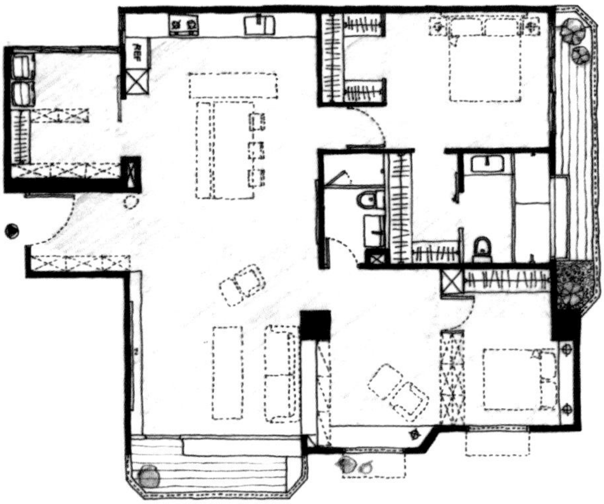

Before

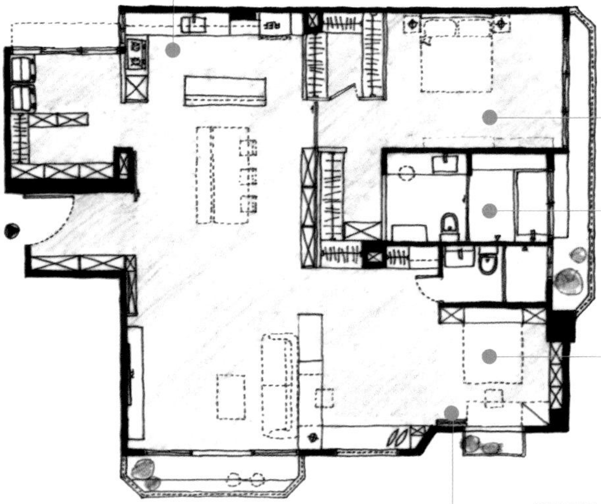

After

Before

- 標準四房格局。

After

- 第一次會議時，我得到的訊息是「衣服很多」，所以在空間很足夠的家創造出雙更衣室。
- 從四房格局變成一房。
- 在四面走道都留下書櫃的空間。
- 加大浴室空間。

case

3

從車庫變身為假日親子餐廳

坪數：實坪25坪

家庭成員：夫妻，兩個小孩

這是間四十多年的老屋，原本是女主人從小生長的地方，結婚時有整修過一次，那時候留了三分之一當作車庫使用，結果婚後幾年，兩個孩子先後報到，原本的新房，變成了四口之家的惡夢，一家人只能擠在後方十來坪的空間，衣服、雜物、書籍都只能到處找空間塞，上了小學的小孩也沒辦法找同學來家裡玩。

和屋主討論後，決定收復原本被車庫霸佔的空間，將廚房前移到大門邊，做開放式廚房與餐廳的整合，擴大使用範圍，回家時方便暫

新設窗戶、利用玻璃門，引進更多自然光線。

時置物、洗手，採買的食材也能就近處理。原本假日只能往外跑的一家人，擁有了屬於自己的親子餐廳，朋友們都喜歡來家裡聚會，大人小孩都能各得其所，也不用擔心孩子不能邀同學來家裡玩了。

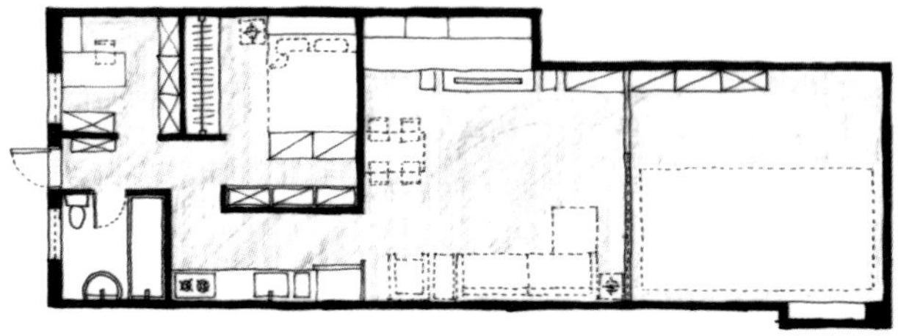

Before

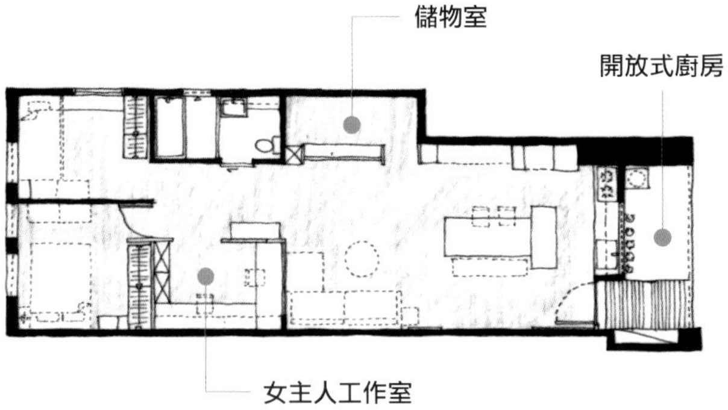

After

Before

- 原本前端三分之一作為車庫使用。
- 狹長、兩側無採光的格局。
- 一家四口兩大兩小睡在同一間房，雜物四處堆放。

After

- 另覓地點租車位，把空間變為開放式廚房。
- 為改善採光，除了料理檯前開窗，大門也改用鐵框嵌玻璃，引入自然光。
- 廚房新排水是利用原車庫排水系統，不用墊高地板也能使用。
- 重新劃分公私領域，前三分之二為廚房、餐廳和客廳，有了更多聚會空間。
- 依區域性質，按區歸納收納，調整後小孩也有了兒童房，不用一家人擠在一間房裡了。

重新隔間，小孩也有專屬兒童房。

上。廚房、餐廳、客廳的延伸，打造舒適的聚會空間。
下。讓廚房、餐廳成為進家門的第一個空間，方便置物洗手、整理採買的食材。

case 4

為家找到生活的定位

坪數：實坪47坪
家庭成員：夫妻，三個小孩

很多人在家裡空間不夠的時候，總會想如果有一間大一點的房子就好了，可是後來在接觸很多家庭時，我才發現空間大小不是最重要的問題，能否善用才是。這是一對在竹科上班的夫妻，一家五口住在近五十坪的房子裡，原本依照想像，生活空間應該可以運用得很寬鬆吧！可是他們在第三個孩子報到時向我們求助，希望改善收納問題。

他們的房子是標準大四房格局，但一家五口擠在主臥裡，客房幾乎閒置，書房多半做為曬衣間，剩一間則充做雜物間，即使房子坪數很大，但生活腳本出了問題，一樣生活得很不舒適，而在調整了空間配置之後，即使沒有大幅度的裝修，但家庭的每個成員都找到了自己活動的空間和生活定位。

Before

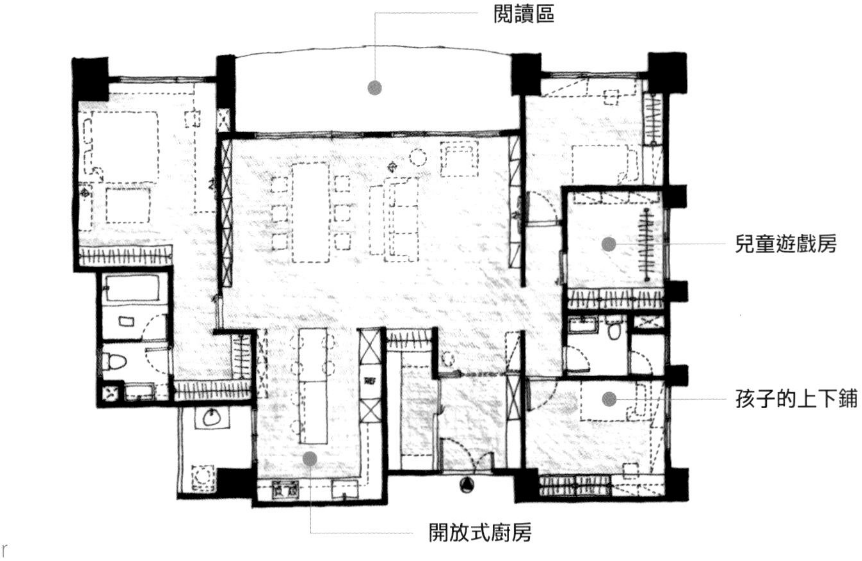

After

Before

- 玄關太大，開門見內，擔心穿堂煞。
- 儲藏室太長，不利收納。
- 客廳很大，但使用頻率很低，只有週末看影片。
- 廚房規劃不當，雖然空間大但不好使用。
- 一家五口都睡在主臥室。

After

- 在玄關增加一個折疊門，劃分為內外玄關，在玄關加裝櫃子，方便穿鞋，小朋友的書包也可以放在玄關櫃。
- 儲藏室的門改在中間，並加裝櫃子，可以收納腳踏車、滑板車。
- 將原本客廳的位置切一半，客廳不用茶几，改用邊桌，增加活動空間。
- 原本客廳的另一半放入大長桌，可以做為全家人的餐廳和共讀桌。
- 廚房加入中島和便餐台，可以方便備料，只有母子三人吃早餐的時候，也可以就近用餐。
- 將兩個女兒遷移至兒童房，兩人上下鋪同睡，等到大女兒上國中，可以搬到客房。
- 書房改為遊戲房，未來待兒子長大，也可做為兒子的兒童房。

Chapter

2

裝潢設計的思考過程

家的設計，是「生活型態」的設計

聽到設計，多數人總以為設計即是「風格設計」，其實**設計的第一步是「格局」**，格局像是著色本上的線條輪廓，風格則是依著圖樣描繪上的顏色，好看的圖樣即使沒有色彩依舊好看，但線條輪廓一旦畫差了，即使加上再好看的配色，修正效果也有限，這便是家的設計的第一個層次——平面配置。

所以我會說平面配置是家的生活腳本，設計師必需依照你的生活型態去調整設計，讓這間房子真正成為可以讓你安身立命之所。

量身訂製家的格局

我們在買屋、租屋的時候，通常都是依著一個比較大的原則去尋找，假設是三口之家，和房仲開出的條件可能是十五到二十坪、兩房兩廳的房子，從不同物件在地點、價錢、環境等因素相互拉扯一番後成交，事實上當你終於成為房子的主人之後，一切才正開始，兩房兩廳的格局有非常多種組合方式，要成為房子真正的主人，有賴為你量身訂作的格局。**當格局對了，即使沒有多餘的裝飾，使用起來一樣很切合實際，滿足實務面後，接下來才是風格的設計。**

要讓格局切合自己的需求，第一步便是依照家庭成員生活的需要修正配置，如前所述，我們一直重複提醒大家要清楚自己需求，這樣才是人住房子，而不是房子住人，可是到底要如何從生活細節中歸納出屬於自己的生活腳本，然後畫出未來最適合的平面配置，對許多人而言卻毫無頭緒。

記錄下每日作息，讓住宅機能更貼心

因此我會建議讀者從每日生活做調查（請參考第73頁理想生活調查表），從日常作息、習慣的空間使用方式，到希望調整的部分一一記錄，自然能從中找到自己的步調和習慣。例如：愛料理的文青太太需要一個廚房，以及有大面書架的餐廳，有小潔癖的先生，浴室一定要乾濕分離加對外窗，將基本需求清楚明確的整理出來之後，和設計師溝通起來更事半功倍，住宅格局機能性也更貼近主人的心。

完成實際需求的定調後，接下來便是心理層面的需求，也就是風格設計，市面上就風格設計的圖庫和書籍不計其數，然而要成就一個家的風格，要從家的主人談起。

如果要有明確的形容，你會如何定義自己？收藏家、愛料理的人、喜歡社交、喜歡一個人放空……有趣的是，自己眼中的自己和別人眼中的你，常常大不相同，有些人在外因為工作之故，給人非常擅於社交、外向的形象，然而回到家裡卻沉默寡言、需要空間沉澱自我，那麼家便應該配合他的內在，選擇彩度低、比較不具侵略性的用色。

風格的造就和色彩有很強的聯結，熱情、自我意識強的人，我會建議在空間中使用更多鮮明的色彩和撞色搭配。許多人室內色彩的首選是白色，對於有點小潔癖人而言，使用全白色並沒有什麼大問題，但對於比較隨興的人而言，可能光是想到如何維護就覺得精神緊張。我一直覺得，在可能的範圍內，家的樣子應該更像你自己。

家的風格，是找到「自我認同」

單身者有了家庭之後，自我認同就會變成家庭認同，我設計過最有特色和自我風格的房子，多半主人是處於單身的狀態，空間可以非常自我，可是當家庭成員變成複數以上，往往就不是這麼單純了。而這些也是在找設計師前必需弄清楚的地方，你是否清楚自己是怎麼樣的一個人，怎樣的生活會讓你覺得舒適，不是只是停留在夢想階段，而有了家庭之後，你是不是有考慮到家人的喜好。

我有遇過少女心濃厚的業主，非常喜歡浪漫的鄉村風，但考慮務實理性的先生，最後折衷的選擇了中性的灰綠色做為主要色調。有時候一個家庭是否找到自己的家風，也會影響家的設計，思考一下你們家庭的共同嗜好，像是愛好美食、愛閱讀、愛運動，再溝通並忠實反映到家的設計上，變成實體的空間，**讓家人可以在適當的空間中分享生活，這才是裝修的目的，讓家變成一個凝聚一家向心力的所在，而非除了睡覺之外就只想出去的地方。**

理想生活改造

Case 1

我的理想生活調查表

不少人記錄下了生活和空間細節，即使弄清楚了日常和空間的互動，卻無法轉化成有效的訴求，而淪為流水帳式的紀錄，因此我設計了表格，希望能幫助大家順利寫出家的生活腳本。以下表格，以我的日常為範本，你也可以試試看寫出你的理想生活。

在家的角落留下生活的印記、家人的蹤跡，就是最溫暖的布置。

理想生活調查表

	時間	活動	地點	希望事項	解決方式和備註
週一至五（早）	6：00	起床	臥室		
		洗臉刷牙	浴室	洗臉之後，可直接進行保養和化妝，讓生活更有效率。	洗手台結合梳妝台，並加入收納化妝品的功能。
		做早餐	廚房	早餐料理器具如：果汁機、鬆餅機，每天要從櫃子拿出來很麻煩。	直接陳列在隨手即可取得之處，減少收放時間。
		全家吃早餐	餐廳		
		更衣	更衣室	配件如帽子、圍巾，最好在位置明顯處置放，可方便取用和搭配。	考慮增加牆面掛鉤，以利陳列和歸位。
		拿包、穿鞋	玄關	每天包包物品都一樣，直接放在玄關似乎更方便。	玄關增加擺放包包的置物櫃。
週一至五（晚）	17：00	放包、脫鞋	玄關		
		洗手	浴室	有小朋友之後進家門的第一件事就是洗手，洗手台和廁所連在一起，有時不大方便。	獨立洗手台於浴室外。
		更衣	更衣室		
		爸爸和兒子洗澡	浴室		
		小朋友拿餐具，全家人上桌吃飯	餐廳		
		用餐完畢、整理好後，全家一同坐在餐桌上，小孩看書、媽媽看雜誌、爸爸處理公事	餐廳	雖然爸爸習慣在餐廳處理公事，但因電腦沒有地方放，經常要拿來拿去。	全家要一起作業，餐桌要夠大，還要在餐桌旁擺放置物箱，方便爸爸歸位公事所需。
		媽媽泡澡	浴室	冬天泡澡時，保暖度不夠。	可加設暖房機。
	21：30	兒子睡覺。媽媽整理居家環境	臥室		
		媽媽看電視、摺衣服	客廳	客廳的沙發要舒適好整理。	選擇一張可以盤腿坐上的沙發。
		睡覺	臥室		統計每日生活，臥室只是睡覺的地方，可以縮小空間比例。

理想生活改造

Case 2

一家四口的理想生活實踐

這是我多年前的業主，後來成為了好友，這是四口之家之前的理想生活調查表。這對夫妻有兩個女兒，大女兒四歲多，小女兒一歲多，平常從事教職的太太帶大女兒上幼稚園後，婆婆會來家中照顧小女兒，直到太太下班再回自己家做飯。

而從事科技業的先生因為工作時間較長，常常會到太太晚飯準備好後才到家。在買房子之初，因為有兩個小孩，所以設計了兩間兒童房，但從小女兒出生以來都一直和父母睡，小女兒的兒童房目前暫時只能充當儲物間。而我們該如何從他們的調查表中，找出改善生活的方式呢？

在檢視這一家的調查表後，你會發現其實**當生活中的細節被一一檢視之後，需求就會浮現，而最適合他們的空間配置和調整，也能在和設計師討論後化為實際的平面圖，不只是空中樓閣。**

理想生活調查表

	時間	活動	地點	希望事項	解決方式和備註
週一至五（早）	6：00	起床	臥室		
		洗臉刷牙	浴室		
		做早餐	廚房	媽媽忙著做早餐時，依然可以掌控全局。	開放式廚房。
		全家吃早餐	餐廳		
		婆婆來家後照顧小女兒	遊戲房	為了方便婆婆帶小孩，希望能有床可以讓婆婆休息。	遊戲房內增設單人床。
		太太帶大女兒一起上班上學	玄關	嬰兒推車堆在玄關處很不便，也不美觀。	在玄關加設隱藏儲物間，方便收納推車。

餐廳與廚房緊鄰，讓媽媽上菜更為方便。

週一至五（晚）	17：00	放包、脱鞋	玄關	有位置收放小孩的外出物品。	書包、媽媽包、雨傘等，皆有吊掛的地方。
		洗手	浴室		
		更衣	更衣室	不希望換下的衣服丟在床上。	更衣室設有髒衣置衣籃。
		媽媽做菜／女兒玩遊戲	廚房／客廳	因為先生還沒回家，希望做菜時可以看到小朋友的動態，降低意外發生的可能。	廚房採開放式設計，並加裝兒童安全門欄，避免小朋友進入廚房。
		全家一起吃飯	餐廳		
		幫小朋友洗澡	浴室	現有空間過於狹小，幫小孩洗澡常常會卡到。	加大浴室空間。
		小朋友洗臉刷牙	浴室	小孩高度不足。	浴櫃懸空 20cm，下方放小板凳。
週一至五（晚）	21：30	大女兒在兒童房睡覺／媽媽陪小女兒睡覺	兒童房／主臥室	原本為小女兒將來規劃的兒童房，因為目前都和媽媽一起睡，變成閒置空間。	將小女兒的兒童房變成開放式遊戲室，增強現階段的功能。 並放入沙發床，讓婆婆來看顧小孩時也能有地方休息。採拉門設計，平時打開作為開放空間，之後也可以作為女兒們的書房或單一兒童房。
		爸爸看電視放鬆	客廳		
		洗臉刷牙	浴室	兩套衛浴設備。	
		睡覺	臥室	孩子長大後有獨自的房間。	將遊戲房改為臥室。

平面配置

檢視這四口之家的理想生活調查表後，試著找出最適合他們的空間配置，進行調整。

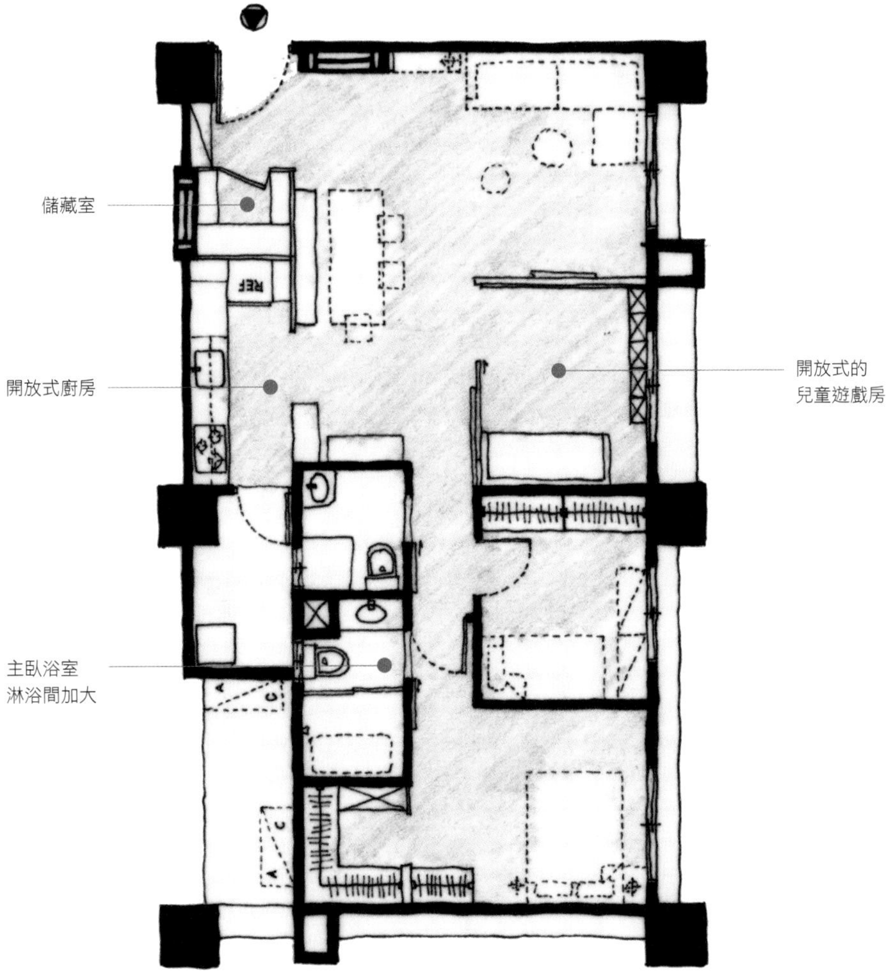

家的改造

Point 1
玄關
在玄關加設隱藏的儲物間，方便收納嬰兒車。

Point 2
廚房
開放式廚房，小孩的遊戲室就在廚房對面，方便媽媽一邊做菜一邊觀看小孩動態。

Point3
客廳

寬敞的客廳，除了是大人看電視的放鬆空間，也可以是小孩的遊戲場所。

Point4
遊戲室

將小女兒的兒童房變成開放式遊戲室，加強現階段的功能。採拉門設計，平時打開，即為開放空間，之後可作為小女孩的書房或是兒童房。

Point5
浴室

加大浴室空間，方便媽媽幫小孩洗澡。

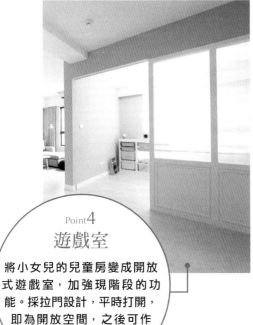

理想生活改造

Case 3

相同格局，上演著各自精采的生活腳本

這一個改造案例也可以提供大家很好的對照參考。這是一對母女，住在同棟不同層、格局相同的新成屋，母女兩人依據各自的生活型態，設計出截然不同的風貌。

「同棟而不同層」，我想這是現代社會中，父母和成年子女間最舒適的距離，擁有獨立的生活空間，但到對方居所的距離，是一碗麵端過去不會冷的時間，雙方可以相互照應，又不會因為生活方式不同而造成爭執，而利用「理想生活調查表」設計家的模樣，你會發現，家真的有了主人的樣子。

退休有固定宗教信仰的媽媽，和從事出版工作，住家也是工作空間的女兒，因為離得近，兩人分享了餐廚空間，所以女兒只留下輕食廚房和吧台，而媽媽則有完整的餐廳和廚房，餐廳的大長桌，可以供媽媽平日抄經和泡茶使用，也是和女兒共享晚餐的空間。

靠陽台的光線良好，是媽媽靜坐的地方，而轉換到女兒的家裡，則是每日工作和會議之所，因為兩人生活腳本的不同，在相同的屋型中，有截然不同的空間規劃，而風格也因應母女的個性喜好各有千秋，一間採中式禪風，另一間則是極簡文青風格，這是他們家的風格，而你找到你的了嗎？

上圖為媽媽家，下圖為女兒家，格局相似的兩個住宅，因為主人相異的個性與生活型態，帶來迴然不同的居家風格與應用。

理想生活調查表（媽媽家）

	時間	活動	地點	希望事項	解決方式和備註
週一至五（早）	5：00	起床	臥室		
		洗臉刷牙	浴室		
		禮佛禪坐	書房或客廳	希望有空間能靜心禪坐。	在靠近陽台處墊高平台，並設計拉門，可以有一個空間充分靜心，也有良好的光線。
		做早餐	廚房		
		吃早餐	餐廳		
		抄經	餐廳		強化餐廳大長桌的功能，可以方便抄經，抄完經也可以泡杯茶休息一下。
		拿包、穿鞋	玄關		
	15：00	放包、脱鞋	玄關		
		洗手	浴室		
		更衣	更衣室	衣物和鞋帽都很多，需要空間置放。	加強更衣室收納功能，增加櫃子和吊掛，讓東西更好找好收。
		朋友來訪	客廳	考慮女兒和朋友有時間都會來訪，開放式客餐廳的空間，可以提供足夠的空間。	
週一至五（晚）	17：00	媽媽做菜	廚房	因為女兒每天會回來用餐，需要完整的廚房空間。	
		與女兒一起用餐	餐廳		
		飯後母女一起看電視，然後女兒回家	客廳		
		更衣	更衣室		
		泡澡	浴室	浴室希望可以乾濕分離，而且可以有泡澡的空間。	加大浴室的空間，並設計淋浴和泡澡在同一邊的乾濕分離，沖完澡可以直接泡澡，避免感冒。
		睡覺	臥室		

理想生活調查表（女兒家）

	時間	活動	地點	希望事項	解決方式和備註
週一至五（早）	8：00	起床	臥室		
		洗臉刷牙	浴室		
		做早餐	廚房	平日只在廚房做簡單的早餐和輕食，晚餐會到媽媽家一起吃。	將廚房設計成開放式廚房，用吧台取代餐廳，方便簡單吃早餐或宵夜。
		吃早餐	廚房		
		工作	書房	平常多半在家工作，需要有完整的工作空間；因為工作關係有大量的藏書，要有足夠的空間放書。	將入門後的公領域劃分為客廳、會議桌和工作室，方便待客和工作。 在會議桌後規劃書櫃，讓書可以被妥善放置。 為了美觀起見，用隔板隔出工作空間，將繁複又必備的電腦設備隱藏起來，避免讓客人看到雜亂的工作空間。
		開會	客廳	工作伙伴來訪討論時，能有一張會議桌就太好了。	
		拿包、穿鞋	玄關		
		更衣	更衣室	衣物和鞋帽不多，僅小空間置放。	適度開放式收納空間，方便拿取。
週一至五（晚）	20：00	放包、脱鞋	玄關		
		吃完飯回家，繼續處理一些工作	工作室		
		看影集，放空	客廳		
		更衣	更衣室		
		泡澡	浴室	浴室希望可以乾濕分離，而且可以有泡澡的空間。	加大浴室的空間，並設計淋浴和泡澡在同一邊的乾濕分離，沖完澡可以直接泡澡，避免感冒。
		睡覺	臥室	平常睡前會看書。	在臥室也留下少量書籍放置的地方。

原始平面

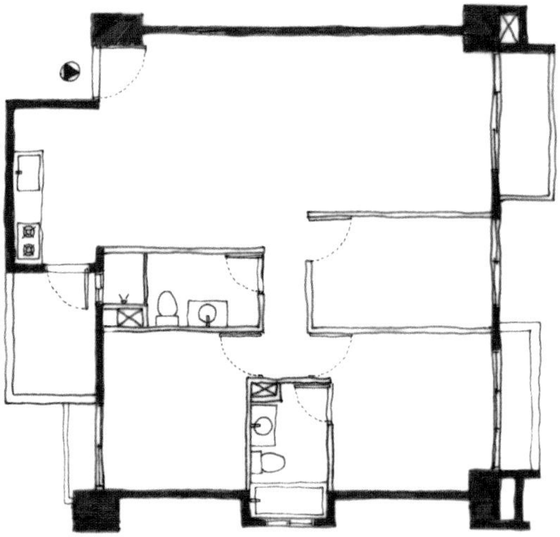

Before

平面配置——8F 媽媽家

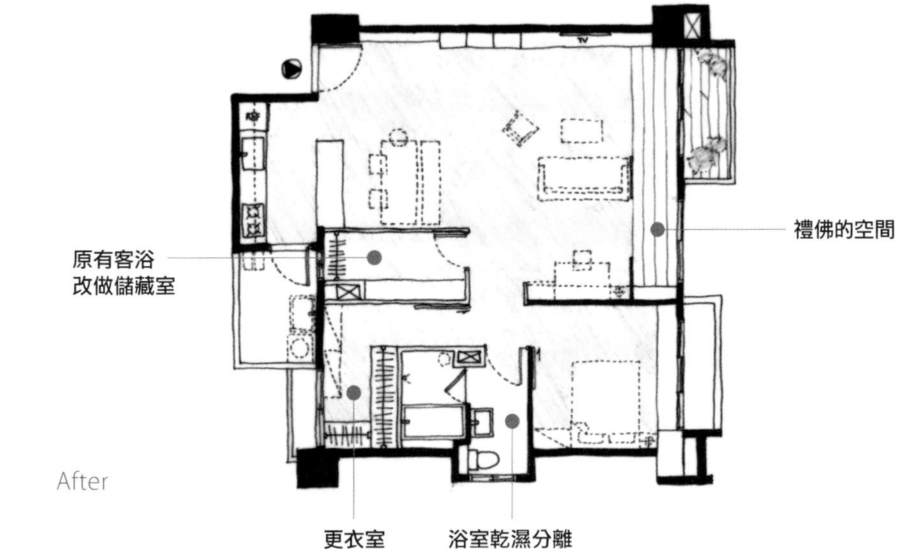

After

平面配置——10F 女兒家

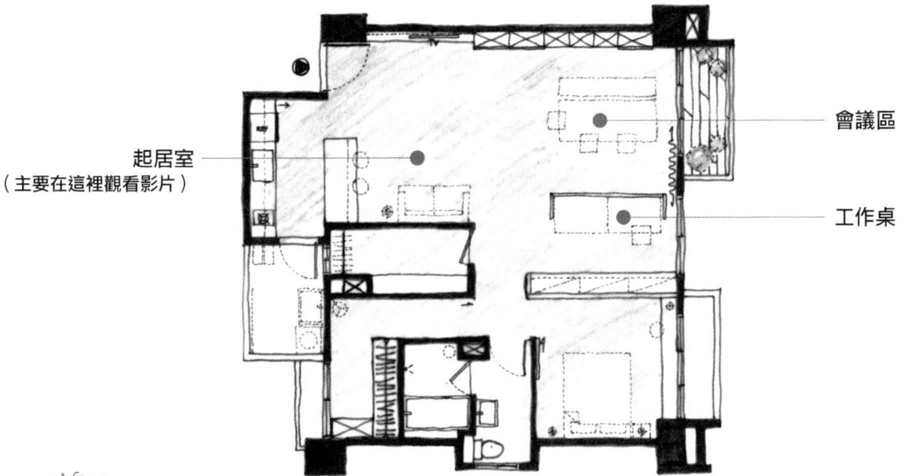

After

家的改造（媽媽家）

為退休後有固定宗教信仰的媽媽，打造一個舒適靜心的環境。

Point 1
陽台區

靠近陽台明亮處，設置高台與拉門，打造一個禮佛禪坐的寧靜空間。

Point2
餐廳

餐廳的大長桌在非用餐時間，可以作為抄經或泡茶休憩的地方。

Point3
客廳

寬敞的客餐廳空間，方便招待來訪的友人。

Point 1
工作區
藏書豐富，需要大面積書櫃；大部分在家工作的主人，需要專屬工作區。

家的改造（女兒家）

偶有工作夥伴來訪討論，因此在工作區中擺放一張會議桌。

用隔板隔出工作空間，還可以隱藏雜亂的電腦設備，後方的置物空間，可以收納公事文件。

Point2
客廳

採光良好的一邊作為工作區，另一邊則作為客廳、廚房。

Point3
廚房

主人對廚房的需求度不高，因此設計一個輕食廚房和吧台。

Chapter

3

理想空間的生活提案

玄關處的壁燈，可以讓進門處明亮起來，讓夜歸的家人感到溫暖。

理想空間提案 1

玄關——不論大小，請納入家的必要空間裡

玄關像是人體中的脖子，是開門後進入「家」的入口銜接處，這是我們從外頭「轉換」到家的地方。玄關有兩個層面的實質需求，一個是內外氛圍的轉換，一個是機能性需求。

善用小空間，帶來多功能整合

小宅當道的今日，很多小房子是沒有玄關的，這樣的房子多半格局很方正，因此開門之後少了緩衝的玄關空間，但沒有玄關，並不代表不需要。在空間有限時，勢必要有所取捨，我通常會建議捨去不必要的空間，創造出玄關的位置。

不論坪數大小，至少要留下一面鞋櫃的位置，以滿足玄關的收納功能，部分機能性需求可以視空間調整，像是家中有年長者或幼兒，可以考慮增設穿鞋椅櫃。也可以透過壁面強化收納功能，像是雨傘、包包、鑰匙

都可以一起收納掛起。

有足夠空間的屋主，除了鞋櫃與置物櫃之外，甚至可以規劃衣帽掛鉤或衣帽櫃，讓客人有地方懸掛外套衣帽，屋主也能夠擺放常用的外出風衣或外套，在出入時取用，加上一面穿衣鏡，更方便整理著裝。

家的第一眼印象，展現個人品味

玄關除了能滿足機能性需求，也可以透過色彩和布置點亮居家，轉換內外空間。玄關空間通常不大，因此畫龍點睛的裝飾格外重要。

就我而言，玄關一定要有一盞壁燈，透過燈光讓進門處明亮起來，因為玄關少有開窗，缺乏自然光線，因此加裝壁燈有實際上的需求，有時候晚歸，看到入門處留有一盞未熄的燈，心裡便油然生起一種溫情的慰藉，這是自遠古以來人類脫離黑暗的心理暗示。

玄關也很適合擺放自己心愛的收藏品，除了位置明顯，每天回家的第一眼就可以看到，對於客人而言，這也是能馬上接收到主人品味的展示空間。掛畫、木雕、植栽都是很適合裝飾玄關的物件。

除了櫃子和裝飾，玄關也可以利用地板建材材質的變換，做出區隔空間的效果。之前曾經設計過鄉村風住宅，女主人將最喜歡的仿古花紋磚用

理想玄關的檢視

在玄關處，因為玄關坪數小，至多一至二坪，即使使用價格較高的手工磚裝飾，也能控制好預算，是很巧妙的使用方式。

1 空間

________ cm × ________ cm

2 使用頻率

每周 ____________ 次

每天 ____________ 分鐘

3 功能

□穿鞋 □置放包包 □檢查儀容

□其他 ____________

4 需要的傢俱

□鞋櫃 □穿鞋椅 □壁面掛鉤

□玄關櫃 □雨傘架 □鏡子

上、中。玄關處可以擺放個人收藏的飾品，或是收放鑰匙、零錢、發票等等。
下。玄關處的穿衣鏡、穿鞋椅櫃，方便出門前整理著裝。

每個人，都需要一個孕育夢想的角落

所謂的「夢想」，通常指的是有點奢侈的需求，關於生命那些你想要但不一定需要的部分。在家空間中，「平面配置」解決我們每天生活日常必需的基本需求，「風格設計」滿足家中成員對美的心理需求，但在此之外，擁有屬於自己的療癒之所或夢想之地，其實在居所中是一件極為重要的事。巴舍拉在《空間詩學》中這樣形容：「屋頂內部的房間，孕育著夢想，隱匿著做夢的人。」那個角落或大或小，卻是能安頓自我、讓人放心做夢的地方。

在懷孕初期，我的心中一直有一個母親抱著新生嬰兒坐在搖椅上的畫面，不過那時有太多優先處理事項，根本沒有時間可以找到心中的夢幻搖椅，直到去年到上海出差看到法租界風格的古董傢俱展，終於找到那張完全符合心中畫面的搖椅，於是忍不住就帶回家了。自此之後，擺上搖椅的起居空間便成了我的療癒之地，每天晚飯後，我總會泡杯茶坐在搖椅上放鬆的停頓一下，偶爾也會抱著已不是嬰兒的兒子一起搖一搖。看似只是一張搖椅的進駐，卻好像在生活中留下了一個逗點，清晨起來，我也會想坐在搖椅上，即使喝杯水也好，享受一下一天中少數不被打擾的片刻。

而在每個人心中多少都需要這樣的空間，我有一個個案中的女主人，她的夢想是一個在亞熱帶其實派不上用場的壁爐，雖然只有裝飾作用，但光是擁有一個壁爐這件事就讓她幸福感滿溢。很多男生心中的書房區，不是正經八百的大書櫃加書桌，而是擺上滿滿的漫畫，可以隨手拿著窩著席地而坐的地方。而那一隅與小時候漫畫店看書場景重疊的角落，便是他的心靈角落。不僅滿足童心，也是終日繁忙中一點個人化的空間。

我發現在國外的兒童房設計中，常可以看到帳蓬的設計，一個可以被包覆和藏起來的遊戲天地，我暗自猜想小朋友會這麼喜歡帳蓬，大概是因為這樣的空間像是躺在一個密室，安全而獨立，讓孩子彷彿回到胎兒時期，安穩的在子宮裡泅泳。在一個家庭中，我們每個人同時都扮演著許多角色，父親、丈夫、兒子、兄長、母親、媳婦、妻子、女兒，共處的時光固然美好，但是在能夠容納的範圍內，試著給家人和自己保留一塊夢想之地，讓每個人擁有回歸自我的美好。

成套沙發茶几較占空間，可改為邊桌或可移動式的桌子，增加便利性。

理想空間提案

2

客廳——你家真的需要客廳嗎？

傳統的空間設計，客廳是一間房子的標準配備，然而隨著家庭結構的改變，從大家庭走向小家庭，家庭成員變少。也因為住家的空間小，在家中招待朋友的機會變少，多數人選擇在外聚會，所以客廳的待客功能比例也降低了，取而代之的是英文指涉的 Living room，也就是起居空間。

現在的客廳空間，對很多人而言，可能就是一個看電視的地方，當然如果空間夠大，可能讓客廳保有完整的功能性，包括待客和生活起居，在小坪數的住宅中，就得考慮客廳在家中的空間佔比。

視家人的起居活動，調整客廳的功能

如果你的待客時間很少，客廳主要作為家人的起居空間，就不一定非得要擺上三加一的 L 型大沙發，可以直接就家庭人數規劃座椅，也可以思考家人的起居活動，像是你們會一起看電視嗎？或者會一起閱讀？

你們在哪裡進行家庭會議或聊天呢？單身貴族、新婚夫妻和有幼兒的家庭的起居活動截然不同，如果家中有孩子，也會隨著孩子年紀的增長有不同的改變。

以單身貴族為例，如果招待客人的時間不多，只是需要一個看電視的地方，也許一個壁面掛上液晶電視，一張主人椅和一張邊桌就能完成個人視聽室的功能，而對新婚夫妻而言，如果兩個人都很少看電視，最常共享的是餐桌的晚餐時光，甚至可以考慮捨棄客廳，增加餐廳的空間佔比，只留一面電視兼儲物牆，讓出更多實用的空間，對於小宅的機能性和空間舒適度都有很好的提升效果。

成套沙發與茶几，不再適合每個家庭

過去，成套沙發加上茶几，幾乎是每家客廳的基本設計，然而配合不同家庭的不同需求，大茶几的必要性也值得思考。

一般茶几多半用於全家看電視時，作為方便隨手置物的收納空間，桌面上最常出現的不外乎是書報雜誌、飯後水果和遙控器，有些家庭會直接在客廳吃飯看電視，因此茶几也會充當餐桌使用。

不過一般人住家普遍坪數有限，一旦放了成套沙發茶几，客廳就剩下

上。對許多人而言，客廳大多作為舒適的閱聽放鬆的空間，將置物桌移開時，即可形成較大的應用空間。
下。輕薄的電視掛於簡單的牆面，營造極簡的風格。

狹窄的走道，能自由使用的空間也變得很少。如果客廳的立面收納空間已足夠，只是需要一個放飲料和遙控器的地方，那麼不妨把大型茶几置換為小邊桌，同時兼具功能性和空間感，甚至也可以使用移動式的置物架，讓收納功能更完整。而沙發也未必要使用成套的設計，選擇合適的單人椅或雙人椅配搭，更貼合個別家庭的需要。

而多出來的空間不僅讓生活更舒適，也提供忙碌的上班族一個在家中簡單運動的空間，鋪上瑜珈墊就可以看著電視示範，一邊跟著做瑜珈、健身操，不用上健身房，家裡就有運動室。對於有嬰幼兒的家庭，也能有空間讓孩子自由探索，減少碰撞的危險性。

拋棄舊有思維，靈活運用電視牆

因為液晶電視的出現，讓電視脫去了笨重的外型，電視牆的尺寸也可以更輕薄，因此我習慣把書櫃和電視牆結合，讓客廳成為全家視聽閱讀空間，一般家庭空間大多無法擁有獨立書房，但仍然有書籍雜誌收納的需求，而電視牆就是一處妥善容納書籍的空間。

傳統式電視牆設計，經常是和酒櫃、茶具櫃結合，因為過去常將陳年藏酒當成裝飾，所以酒櫃中的酒不是拿來喝的，而是作為展示讓客人看的。但於視覺上，酒櫃裝飾的效果不佳，元素過多，反而容易形成干擾。以功能性而言，如果要品酒多半會佐餐，最適合放酒的地方反而是餐廚空間，和食物櫃一起陳列，視覺上較協調也具實用性。反觀書櫃，由於書籍本身規格整齊劃一、容易擺放，和電視牆放在一起，不僅不會造成干擾，還能讓空間多出些許書香和文青氣息，不失為點綴空間的實用配置。

客廳就是兒童遊戲室

許多家庭從得知新生命即將來臨開始，就著手規劃兒童房和遊戲室，不過就我自己的經驗，五歲以下的小小孩其實用不到遊戲室。對於非常依賴父母陪伴，還不懂得隱私為何物的嬰幼兒來說，父母在的地方才是他們的遊戲空間，如果父母無法一直待在遊戲室裡陪小朋友，通常會淪為儲物間或睡覺的地方，要到小朋友大一點，可以自己玩耍時才具有功能性。

在此之前，我會建議將家裡設計成客廳和餐廚一體的開放式空間，讓父母可以隨時看得到小朋友在做什麼，而客廳也可以留下足夠的活動空間作為兒童遊戲室，在這塊核心位置，父母無論看電視、書報或運動，都能即時照顧到小朋友的需要，也增加全家人共處的空間。

不過當客廳也同時肩負親子活動的功能時，也要注意保留適當的玩具收納空間，才能隨時回復客廳的整齊，維持原本待客的功能，另外也要注意針對兒童的高度調整，讓全家人能安心共享親子時光。

理想客廳的檢視

1 空間

________ cm × ________ cm

2 使用人數

________～ ________人

3 使用頻率

每周 ______次，每天 ______分鐘

4 功能

☐ 會客 ☐ 看電視 ☐ 使用電腦 ☐ 用餐 ☐ 寫作業

☐ 摺衣服 ☐ 小睡 ☐ 閱讀 ☐ 運動 ☐ 親子活動

5 需要的傢俱

☐ 沙發（1～2人　3～4人　4～6人） ☐ 沙發床 ☐ 茶几

☐ 電視牆 ☐ 閱讀椅 ☐ 閱讀燈 ☐ 書櫃 ☐ 玩具收納櫃

上。整齊劃一的書牆，可降低視覺干擾，也能為客廳增添書香氣息
下。高齡住宅的客廳，以方便起身的單椅沙發取代三人沙發。

理想空間提案

3

廚房餐廳——現代人的生活主場景

過去公寓的長型格局中，常可以看到一開門是客廳，而廚房被放在房子最後面的位置，這樣的配置多少和過去生活模式有關，以前社會關係緊密，常有左鄰右舍直接上門來串門子，客廳是待客之處，相對占有更重要和前面的位置，因此被視為雜亂和油煙之所的廚房就被發配邊疆了。

然而隨著生活型態的轉變，女性地位的提升，廚房不再是不登大雅之堂的象徵，反而常和餐廳結合，成為家中的中心所在，一家人用餐時光往往是一日中全家最緊密相處的時刻，這時再讓廚房躲在家的最後面，反而不符合現代人的生活習慣。

別再將廚房餐廳藏在最裡面

前幾年我去美國的長輩家中做客，才發現廚房位於前面的好處。長輩的家一開門左邊是玄關，右邊就是開放式廚房，一脫掉鞋子，東西就可以放到廚房中整理歸位，放完東西走進更衣室換掉衣服，整個人都清爽起來，也符清潔和衛生的要求。想想從前媽媽買菜回家，提著大包小包，還得穿過客廳和房間的走道，走到底才是廚房，平常已經夠辛苦了，若是夏天多這小段路就已多流一身汗。這樣的空間配置對為家人辛苦奔忙的家庭主婦來說，真是不夠便利。

當然會把廚房放在最後，也和瓦斯管線的位置有關，然而現在許多是用電磁爐、黑晶爐做成輕食廚房，當然也就無須遷就管線了。因此在配置廚房和餐廳時，不妨撇開千篇一律的平面配置公式，你會發現更適合你的理想餐廚。

一字型廚房的餐廚配對之道

所謂的「一字型廚房」就是所有廚具及家電靠一面牆擺放，將基本配備如爐具、料理台、洗水槽一字排開，這種格局一般會配置在比較狹長的廚房，也建議中小型家庭或一個人單獨使用。相對於可以將洗滌、烹調、儲物區稍微切分的 L 型廚房，一字型廚房一般被認為較為不便利。一直條的設計，讓洗滌和烹調區只單向作業，傳說中一個廚房中容不下兩個女人，大概就是指這樣的格局。

上。廚房、大餐桌、客廳相連的開放式空間，已成為現在人的生活主場景。
下。比起傳統圓桌，大餐桌更能符合現在人的生活模式，成為全家人平日用餐、交流情感的重心。

可是一旦將一字型廚房設計成開放型廚房的配備，結合餐廳餐桌，便是小宅的好用廚房，一來可以有效利用空間，餐桌可以做為備餐區，做菜時可以讓一家人一起分工合作，增加料理的參與感。如果喜好約朋友來家中聚餐，也有一塊可以展現廚藝的空間，一邊做菜一面聊天，不用自己在廚房悶著頭做菜。

一字型廚房除可靠牆而立，也能獨立在廚房中央作為與餐廳的開放式隔間，不過如果要做一字型廚房和餐廳合併的開放式的設計，記得走道至少要留一百公分的距離，才有足夠的轉身空間，不會在備料和烹調時相互影響卡住。而開放式廚房對於油煙散得滿屋子的疑慮，其實也有解決之道，加一道拉門設計，炒菜時把門拉起來，平日把拉門打開，即可讓室內維持良好通風。

一張大餐桌的必要性

在我的心中一個家可以沒有沙發，但不能沒有一張大餐桌，這是在我成家且有了小孩之後深刻的體悟，一張大餐桌，同時是我們全家人用餐，小朋友寫功課，先生處理公事，和我看書報雜誌的地方。

因為一張可以容納全家共同作業的大餐桌，我們有了更多共處的時間，孩子不用被趕到房間寫功課，先生也不會埋首於書房，家人養成習慣隨時分享生活瑣事，也會一起討論家裡的共同事項，像是假日活動、旅行地點，更多的溝通和交流的機會，無形中家庭情感也變得比較緊密。

不過，如果選擇餐廳做為家中的靈魂空間時，設計上就要顧及隨手可及的收納空間，如果餐廳也兼做處理公事和閱讀之地，那麼書櫃和像外面餐廳常見的餐桌下收納箱就很必要。如此一來才不會因為同時兼負過多功能，而讓餐廳顯得雜亂無章。

在選擇餐桌時，也可以不用指定圓桌，傳統上喜好一張全家團圓的大圓桌，較符合華人用餐的習慣，有些甚至會加上轉盤方便挾菜，但隨著時代的變遷，長桌慢慢取代了圓桌，平日家中人口簡單，但假日會有親友在家中聚會的話，也可以考慮折疊的伸縮長桌，更能顧及空間使用。

不要讓餐桌變成放置雜物的空間

常常在檢視屋主的舊有空間時，最讓我覺得可惜的，便是被雜物堆積到看不到平面的餐桌了，這通常代表著這個家庭的成員缺少互動、不夠密切，用餐習慣可能是各自在家中角落解決，或是在客廳看著電視打發完一餐，而少了分享美食和聊天的時間。

理想餐廳的檢視

在著手許多案例的設計時，我會因為空間使用上的取捨，建議屋主縮減客廳、臥室、廚房的空間，然而在餐廳配置時，我的最低限度是一張餐桌的位置。現代生活也許因為工作忙碌、鮮少下廚，但即使買外食回家，在我看來至少要有一張乾淨的餐桌，把食物安置好，好好坐著，讓家人能放鬆吃頓飯，維持一個家庭的基本互動。

因此我也不會做移動式或可收納的餐桌設計，因為這是每天都會使用的空間，確定餐廳的零食和食物有足夠的收納空間，為家人用餐留下一張乾淨的餐桌，用餐多點心思，也減少了看電視配鹽酥雞的機會，對家人的健康和情感都有正向的幫助。

1 空間

________ cm × ________ cm

2 用餐人數

________ ～ ________ 人

3 使用頻率

每周 ______ 次，每天 ______ 分鐘

4 功能

☐ 招待客人　☐ 用餐　☐ 寫作業

☐ 閱讀　☐ 使用電腦

5 需要的傢俱

☐ 中島　☐ 吧台　☐ 吧台椅

☐ 餐桌椅（1～2人　3～4人　4～6人）

☐ 餐具收納櫃　☐ 零食收納櫃

☐ 置物箱　☐ 書櫃

上。結合小吧台，讓狹小的一字型廚房，得到更大的料理空間。
下。開放式的一字型廚房，方便讓全家人在料理時可以相互分工與互動。

即使空間不大，仍建議可以保留一個小空間作為浴缸，享受泡澡帶來的放鬆。

理想空間提案

4

浴室——一個家庭真的需要兩套衛浴嗎？

如果說一個家，在我心中第一重要的位置是餐廚，第二重要的位置我會留給浴室，傳統格局中的衛浴配置一般是依房數設定，兩房以上會有兩套衛浴，一間在主臥室內，一間為公用衛浴，這樣的配置自然也有其時空背景，然而隨著小宅和小家庭的普遍化，兩間小小的全套浴室，遠不如一間設計良好、配置齊全的大浴室，而且要維持兩間浴室的清潔乾爽，其實也稍嫌費力。

捨棄舊思維，重新利用空間

以最常見的三口之家而言，也許有時使用馬桶要排隊，但洗澡是鮮少有急到需要同時洗的，如果在有限的空間裡，希望能擁有一個舒適的洗澡放鬆之所，捨棄兩間全套浴室的思維，也是一種利用空間的方式。

合併浴室的空間後，我建議可以同時擁有浴缸和淋浴設備，我在之前十五坪的房子裡，即使空間有限，仍然做了這樣的配置，雖然浴缸只有一米二，但仍然可以有泡澡的功能，另外將淋浴設備直接設在浴缸旁，沖了澡可以直接泡澡，不用擔心全身濕淋淋還要越過洗手台才能泡澡，如果家裡有小朋友也方便沖澡，是很便利的動線規劃。

完美的浴室應該有一扇對外窗

一間明亮乾爽的浴室真的會讓人捨不得搬家，如果還能舒舒服服的泡個澡就只能用完美形容了。想擁有一間明亮的浴室，首要條件便是一扇對外窗，良好的通風可以讓浴室保持乾爽。現在我的浴室就有一扇對外窗，充足的光線照射下，每天回家浴室像被太陽烘乾過一樣，乾爽舒適，絲毫沒有潮濕發霉的感覺，一踏進浴室就讓人身心舒暢，適時的加大對外窗的面積，也能加強通風的效果。

除了對外窗戶，建材的質地也是影響浴室乾爽度的重要元素，在選擇浴室建材時，一般建議選擇安全快乾、容易清潔、不易發霉的材質，加上良好的防水層，浴室自然能常保清潔。我在設計時牆壁會用淺色，搭配深色地磚，視覺效果看起來不會很沉重，地面的深色磁磚也不易卡髒汙。

如果空間限制無法有一扇對外窗，也可以加設浴室暖風機，一般暖風

有對外窗的衛浴，能常保乾淨舒爽。

機至少有換氣、暖房和乾燥三種功能。換氣可排出異味；冬天開暖風，即使洗澡也不怕冷；在洗澡後開啟乾燥功能，浴室就不會潮濕悶熱，而有對外窗的浴室加裝暖風機，也能乾得更快。不過，要記得暖風機裝設的位置要避開浴缸、淋浴設備，因為暖風機雖然可以讓室內乾燥溫暖，可是一邊洗澡一邊吹著強風，還是會感覺冷，長久下來也會影響身體健康。

讓洗手台獨立吧！

一般的浴室設計通常先入為主的會採取三位一體的方式思考，也就是將浴缸淋浴設備、洗手台、馬桶規劃在一起，但如果常看日本的室內設計，就會發現日本的衛浴設計，通常會將「洗澡的浴室區」、「如廁的馬桶區」、以及「盥洗用的洗手台區」做出三區隔間，而不是全部都擠在一間浴室當中。

自己有了小孩之後，我也發現三位一體的設計問題，因為有了孩子之後，我們回家的第一個動作就是先去洗手，一來清潔衛生，再者也能預防疾病，如果洗手台、馬桶、浴室連在一起，可能就有人得在浴室外面排隊等洗手。而和許多飯店設計一樣，將洗手台獨立在浴室外，即使先生賴在馬桶上滑手機不出來，太太仍然可以在洗臉台刷牙、洗臉、洗手，一個設計就能減少許多家庭搶廁所的不便。

而將洗手台獨立出來之後，每天刷完牙、洗完臉，我就可以直接使用洗手台鏡面保養化妝，設計時可在洗手台下方空間，強化浴櫃的收納功能，加入化妝保養品的位置，鏡櫃也可收納瓶罐，甚至可以加入一張椅凳，讓洗手台就是化妝台，流程一氣呵成，也能有效利用空間，一個獨立洗手台，在設計上也可以有更多空間著墨，提升整體的風格形塑。

好好泡澡，是一件道德的事

愈來愈多的設計因為空間有限，而且確實鮮少泡澡，而選擇只保留淋浴間，但就我個人而言，浴缸是必要存在之善。李歐納．科仁在《體驗泡澡》一書中說：「浴室是能夠幫助個人重新凝聚基本自我的地方；一個喚醒自我的地方，得以回歸質樸、感性、無偶像崇拜的內在本性。」這裡的浴室，指的是能舒舒服服泡個澡的浴室。

一般人也許說不上那麼多大道理，但不得不說泡澡本身真的是很享受的事，想洗去一身風塵淋浴就足夠了，但想要有效放鬆身心卻不如好好泡澡的效果。我是怕冷的人，不只是冬天，連夏天都很依賴泡澡，一整天的疲勞積累，只要泡個澡就覺得煩惱似乎也隨之散去。

若空間真的不大、想省點費用，得在淋浴間與浴缸間二選一，浴缸還是我的首選，畢竟浴缸中也可淋浴。不過對有小孩或年長者的家庭而言，一般的浴缸出入有安全上的疑慮，因為浴缸有高低落差、洗澡時地面又濕滑，這時可選用拉門式浴缸，採側邊開門的方式，讓年長者也能輕鬆走入浴缸，避免在跨越時不慎跌倒。

理想浴室的檢視

1 空間

______ cm × ______ cm

2 使用頻率

每周 ______ 次

每天 ______ 分鐘

3 功能

☐淋浴 ☐泡澡 ☐吹頭髮 ☐刷牙洗臉

☐如廁 ☐洗手 ☐化妝保養

4 需要的傢俱

☐乾濕分離 ☐淋浴間 ☐浴缸 ☐洗手台

☐馬桶 ☐浴室暖風機 ☐層架 ☐鏡子

☐浴櫃 ☐椅凳

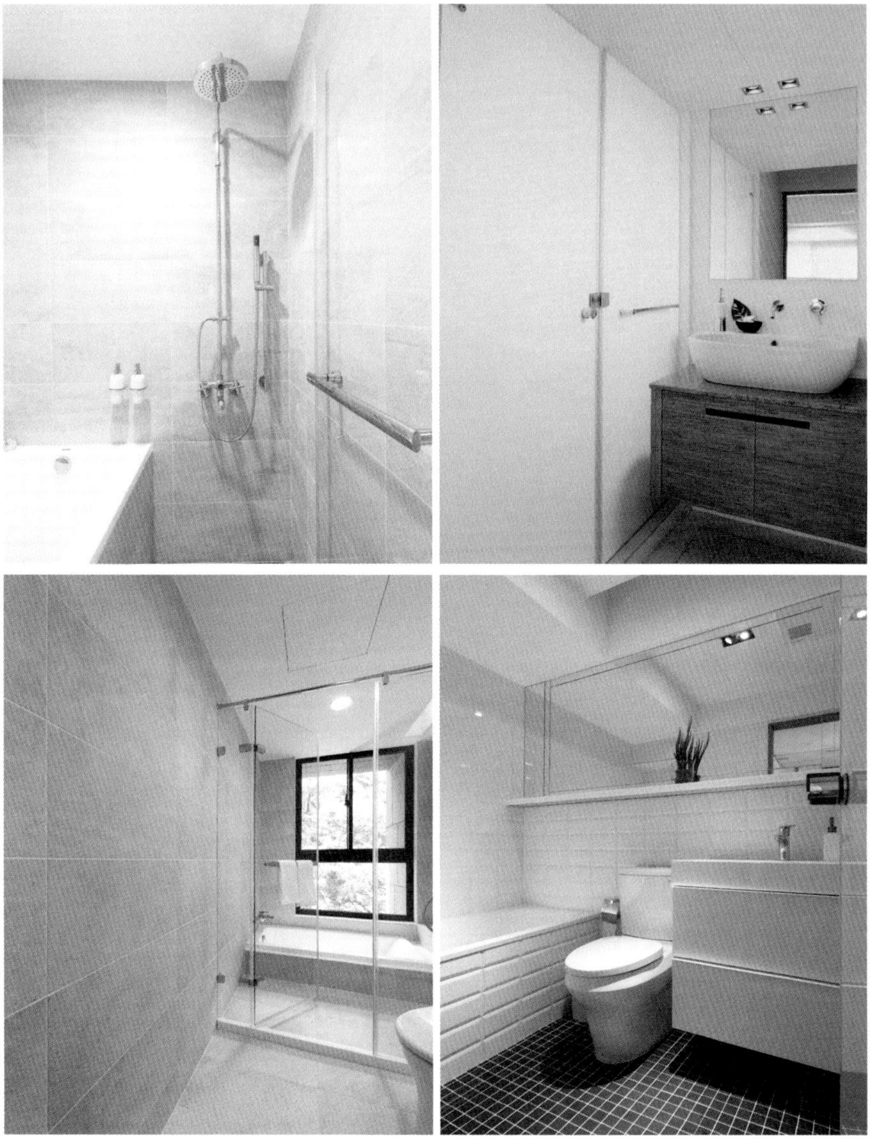

右上。讓洗手台獨立，能為生活帶來更多便利，還能結合成梳妝台，洗手台下方收納瓶罐保養品。
左上。將淋浴設備直接設在浴缸旁，沖了澡可以直接泡澡，讓動線更為流暢。
右下。在有限空間裡，擁有一套三合一的完善衛浴設備，較為理想。
左下。有對外窗的衛浴，能常保乾淨舒爽。

結合書房、客房、儲物間的概念，多功能起居室更符合空間利用效益。

理想空間提案

5

書房——多功能書房更符合現代人需求

許多人愈來愈少有靜下心讀一本書的時間，但在家中預留一個角落，為藏書找到容身之所，或是安置一張方便使用電腦、處理事務的工作桌面，卻是每個家庭都有的需求。

結合書房、書櫃、收納的開放式空間

我對書房規劃不再是一個完整的書房概念，而是採複合式或是開放式的想法，對空間有限的現代人而言，書房也稱得上是奢侈品，除非是在家工作者，不然很少有人真正需要一間完整的獨立書房。

在空間有限的情況下，我會傾向規劃開放式的書房區，再依照屋主的生活習慣安排動線，書房區可以和客廳、餐廳混搭，因為電腦體積愈來愈小，許多人在家只用筆記型電腦和平板電腦，因此事務區也可以縮小，甚至有桌面就夠了。像我先生就會直接在大餐桌上使用電腦，因此把書櫃放在餐廳區，並加入事務收納功能，就可以滿足基礎的書房功能，或者也可以利用書櫃做半開放式隔間，讓書房區更完整，擁有更多收納功能。

多功能的書房規劃

當然如果有一個書房空間，鑑於使用頻率和功能性，也可以依需求在設計時加入其他功能，做成多功能室。

像是結合客房概念，設計時可以架高地板做通鋪，或是加購一張沙發床，平時也能兼具起居功能，要讓平常使用空間更寬敞，即使兼做客房也不一定要做成整間封閉式，設計有拉簾的拉門，平常不用時打開，要用時再拉上，就有隔音和遮蔽的效果。除了客房，書房也可以結合儲物間的功能，加入大量的隱藏收納櫃，為家中大型物件找到收納處。

許多人要有書房，是為了讓小朋友可以安靜寫功課，但殊不知趕小孩進書房寫功課，自己在外面看電視，對孩子的心理來說一樣是干擾，不如規劃一張長桌，更便於親子共讀，製造一個方便共同作業的場域，除了增進情感，也減少小孩分心的機會。

理想書房的檢視

1 空間

_________ cm × _________ cm

2 使用頻率

每周 ________________ 次

每天 ______________ 分鐘

3 功能

□閱讀 □使用電腦 □寫功課

□客房 □遊戲室

4 需要的傢俱

□書桌 □工作椅 □書櫃

□層架 □工作台 □上掀式床

□沙發床 □玩具收納櫃

現代人大部分需要的不是隱密獨立的書房，有桌面即可作為閱讀、辦公的空間。

理想空間提案

6

臥房——你在臥房清醒的時間有多長？

在眾多空間配置中，如果因為空間有限要刪減坪數，我的一個選擇是臥室，因為臥室對我而言是睡覺的地方，清醒時間使用不到一小時的空間，自然可以小一點。

當臥室只是睡覺的地方

也許你沒有發現，當臥室的功能愈完整，可以舒舒服服窩在臥室的時間愈長，留給家人的時間就愈少了，事實上對於臥室功能最講究的莫過於青少年了，因為客餐廳都屬於公共空間，不喜歡被大人盯頭盯尾的青少年們，恨不得整天都在房間裡，自在的看漫畫、上網聊天，一個房間有了電腦，大概整天都可以不出門。即使成年後，有些人對自我空間的需求仍然很高，有了自己的家後，也下意識的會想要保留一個大的空間給自己，從臥室的大小，也可以看出自我的開放程度。

通常有了孩子之後，個人隱私的需求慢慢變少，我也是在結婚生子之後才逐漸改變生活型態。婚前因為從事設計，享受孤獨，追求高度隱私，但有了孩子，就希望能有更多時間陪伴他，讓全家人可以多點時間相處，反而開始追求更多的開放式空間，以便隨時確認孩子的狀態。

當臥室只是睡眠的地方時，窗簾和燈光的規劃就更形重要，可以選擇增加隱密性又兼顧光線的風琴簾，搭配良好的間接燈光設計，保持室內光線溫暖不刺眼，每天都能舒舒服服睡個好覺。

臥室一定要有衣櫃嗎？

每個女人都想過要有一間自己的更衣室，原型也許是來自《慾望城市》中的凱莉，而事實上把更衣室獨立出來的確有其必要性，過去收納衣物最常見的做法是訂製嵌入式的衣櫥或一般的衣櫃。不過這樣在挑選和檢視衣物時比較不便，也較容易有通風不良、濕氣過重的問題。

而要有一間更衣室也未必要豪宅才能擁有，如同前面所說，一旦把臥室定義成睡覺的地方，只留下一張床和簡單的置物功能時，自然就能多出空間給更衣室。更衣室也可以做為儲物間，強化儲藏功能。

傳統上主臥室的基本配備為主臥、衣櫃、一套獨立衛浴，將更衣室從

上。冷色調的臥室，打造舒適良好的睡眠空間。
下。當臥室只是睡眠的地方時，溫暖不刺眼的光線配置，就顯得更為重要。

臥室獨立出來，連帶化妝台也可以合併在更衣室，小家庭一套共用衛浴就夠了，不過三者設置時一樣要注意動線銜接問題，我會將更衣室設在浴室旁，盥洗、保養、化妝、更衣一次解決，不過這樣設計時要注意，一般更衣室有開放式或另加裝門片的方式，但如果更衣室靠近浴室時，一定要有門片才能防止濕氣入侵。

親子同室的臥室規劃

從得知有新生命誕生開始，很多人就在要不要規劃兒童房，或是要不要將嬰兒床放在主臥室中掙扎，也常聽到前輩說：「不要急著買嬰兒床，到時候小孩不睡很浪費。」當然小孩要不要和父母睡這件事有很多個別的考量，像是父母本身在教養上的態度，或者是小孩與生俱來的氣質，每個家庭終究會在摸索中找到最適合自家的模式。

不過以我自身的經驗來說，家中有小小孩的家庭，主臥室確實可以考慮直接捨棄床架做成通鋪，除了雙人床墊外，再加上一張單人床墊，這是我育兒生活中覺得很實用的設計。

兒子剛出生的時候，我們把嬰兒床放在主臥室以便就近照顧，到了一歲之後他開始睡自己的房間。不過即使兒子半夜鮮少哭鬧，當父母的也總是放心不下，一個晚上至少會起身一、兩次幫他蓋被，注意他會不會太冷太熱。有次強烈冷氣團來襲，先生擔心他著涼，於是抱了兒子回房間睡，此後兒子開始和我們睡一張床。

但大人和小孩要一起睡，雙人床就顯得太窄了，特別是兒子一轉身就是一百八十度，即使是加大的雙人床也睡得不舒服，再者和小孩一起睡覺也有安全上的顧慮，萬一半夜滾一滾摔下床怎麼辦。所以不用床架，直接兩張床墊拼在一起就很方便，等到之後小孩自己睡，直接把床墊搬到兒童房就好了，不用再想是要買嬰兒成長床還是兒童床，對於考慮親子同室的父母來說，是很實用的規劃。

你都在臥室做些什麼呢？

臥室要不要規劃電視、書櫃的空間，其實想法是很兩極化的，有些人希望能留有個人空間，往往置入了包山包海的臥室規劃，女生在臥室裡放入了大大的衣櫃和一應俱全的梳妝台，男生放入了書櫃、音響、電視，臥室也是個人的視聽室。

在臥室裡放置電視，如果觀看時間不長，不失為睡前放鬆的方式之一，但如果要長時間觀賞，以健康的角度來看並不建議。有些人會在每間房間都放上電視，但最後大家都在自己的房間看電視，然後就不出房間了，對家庭生活其實影響不小。

我也發現許多人在臥室進行的活動，其實都不是臥室主要的功能，在我家更衣會在更衣室、閱讀有共用的書房區、看電視可以在客廳……，當這些功能都被劃分出去，成為全家人共同分享的時光，臥室當然可以小一點，而臥室功能單一的設計，更有利打造一個舒適度又美觀的空間，當外在干擾降到最低，其實對睡眠品質更有助益。

理想臥室的檢視

1 空間

＿＿＿＿cm × ＿＿＿＿cm

2 使用頻率

每周＿＿＿＿次

每天＿＿＿＿分鐘

3 功能

☐ 睡覺 ☐ 換衣服 ☐ 化妝保養

☐ 閱讀 ☐ 看電視 ☐ 聽音樂

4 需要的傢俱

☐ 床架 ☐ 床墊 ☐ 衣櫃

☐ 床頭櫃 ☐ 梳妝台 ☐ 床邊桌

☐ 層架 ☐ 椅凳 ☐ 床頭燈

理想空間提案

7

陽台——為小空間做最好的安排

一般後陽台多半做為洗曬衣物的工作空間，不過空間不大的陽台，通常塞進了洗衣機，空間已經所剩不多，要能完整收納衣架、洗衣粉、衣夾、洗衣袋等物品，可以善用垂直收納，像是在洗衣機上方加設層板以滿足收納需求，也可以靈活使用壁掛，讓物品可以妥善歸位，而壁掛也能讓物品不落地。因為陽台地板很容易有灰塵，所以並不建議在地板上堆放東西，洗衣機也建議架高，不僅利於排水，也方便刷洗地板。現在除了傳統曬衣架，為了省力起見，也有人會使用升降式曬衣架，不過我會建議使用手動式，因為電動感應式很容易因為在外風吹日曬而損壞。

前陽台布置成居家小花園

從前許多人把前陽台外推以增加使用坪數，隨著法規的限制，已經很少人會這樣設計了。反而有一些人因為對陽光露台的渴望，選擇將陽台內縮，縮小使用坪數，而留下空間給陽台。

如果家中有前陽台，光線日照也還不錯，不妨善用空間讓家中多出綠意，不過因為植栽本身會有落葉和塵土，所以在置放時也不建議落地，我之前買了很多香草植物擺放在地上，經過一段時間，發現打掃不易，很容易藏污納垢，所以我建議可以考慮將大部分盆栽做懸掛式處理，只留少數大型盆栽放在地面，在打掃時會比較省力。

如果空間足夠，不少人也會在陽台放上小圓桌和椅子，夢想可以做成戶外咖啡座，不過大家生活空間普遍擁擠，在都市中即使有了空間，卻很可能因為戶外太過吵雜，而難以圓夢，有時候要擁有一個戶外的空間，要考慮的地利往往比想像中還要多，不妨視自家的條件調整。

理想陽台的檢視

1 空間

________ cm × ________ cm

2 使用頻率

每周 ________ 次

每天 ________ 分鐘

3 功能

☐ 洗衣 ☐ 曬衣 ☐ 小花園

☐ 休閒

4 需要的傢俱

☐ 晾衣架 ☐ 洗衣機 ☐ 洗手台

☐ 桌椅 ☐ 植栽

充滿植物的陽台小花園，為家帶來清新自然。

Chapter

4

拒絕複製的家，打造專屬的模樣

客廳就是全家的健身房——

為喜好運動的家庭，找到最貼合的空間設計

夫妻兩人有自行裝修家的經驗後，深感從到頭尾的自力裝潢實在是件苦差事，於是從事科技業、日理萬機的夫妻兩人購入新屋之後，這次決定要交給專業處理。而在數次溝通深入理解後，我們也終於找到這個家的靈魂所在。

依照每個家人的需求，從平面配置尋找家的定位

起初收到屋況圖後，我先就房子的格局，做了初步的規劃。從玄關進門後是客餐廳連在一起的開放式空間，讓整體空間顯得比較寬敞。緊鄰客廳的是廚房，向外即是陽台，採光好也更開闊，因為我自己也喜歡下廚，依照想像預留了比較寬鬆的料理空間給女主人。

屋主提到先生需要一個書房，所以我設計了一間書房兼客房，可以供住在美國的姐姐返台時暫住，位置和兒子房間相對，並留了一間更衣室，最裡面則是夫妻兩人的主臥室。

初次會議推翻想法，重整家庭成員需求

但在初次比較深入的會議之後，我推翻了原本的想法。

原本聽到女主人說到先生需要書房，我直覺的劃出了一塊獨立空間做為書房，如果兒子有上家教課時也可以使用。但後來聽到他們生活的描述後，我才明白了這個書房的意義。

因為男主人習慣回家後進書房，同時會聽廣播、開電視、用電腦，也會閱讀手機訊息處理事情，習慣一心多用的男主人，喜歡同時接收很多訊息，同步處理事情，所以他並不需要安靜的獨立空間，更因為他會花很長的時間在書房裡，若是一個封閉式的空間，會與家人少掉許多互

動的機會。

同時，我也從女主人口中得知，他們一家並不常下廚，因為娘家很近，所以晚上幾乎都先回娘家吃過飯後才回家，廚房通常只會做簡單的早餐而已。如此看來，原本預留給廚房的空間似乎可以有不同的處理方式。

從每個人的生活喜好，找到家的定位

而真正為這個家庭定調，是在後期幾乎開始施工的時候，原本就因為考量到屋主念小學五年級的兒子，正值活潑好動的年紀，需要足夠的空間適時的釋放過多的精力，所以將原本客房的空間，變成運動遊戲間兼客房，為小朋友設計一個可以投籃的籃球框。而後再進一步到屋主的舊家實地檢視物件，以利安排立面規劃時，又發現男主人的書房充滿了各式小型的運動器材，這才知道不僅男主人每天有運動健身的習慣，女主人每天也會練習瑜珈。

這麼一來聚合一家的中心概念就出現了，這是一個喜好運動的家庭，而依照這個需求順位，原本一家三口一起「坐」在沙發上看電視的想像，也重新調整為一起做運動的畫面，「家」就是全家的運動場，所以這一家的生活腳本也以此為中心做了調整。

打造運動起居室，重寫一家的生活腳本

最後決定版的平面配置變成從玄關進門，調整為餐廚房和客廳連在一起的開放式空間，原本的廚房縮小和餐廳合併，一字型的爐台廚具和吧台式收納設計，配合一張餐桌，就是全家共享早餐的空間。

客廳留在原地，但捨棄了一般制式的大茶几、大沙發，取而代之是可以移動的小邊桌，要運動時可以把桌子靠邊，全家就可以一起邊看電視邊運動，媽媽做瑜珈，爸爸做伏地挺身，兒子還有一個遊戲間可以投籃。

而原本廚房的位置，留給了男主人做書房，牆面留了整面櫃子可收納眾多的藏書，緊鄰客廳的開放式設計，讓男主人方便一面聽電視，一面用電腦，也能時不時和家人隔空聊天，一家三口可以在開放的起居空間中各忙各的，但也能彼此交流，甚至書房旁走道還做了一個隱藏式的單槓架。

這一個屋子的設計，也從「誰來住都可以」的三口之家，變成了真正專屬於他們的都會健身宅。

1 屬於他們家的樣子

客廳：定位為運動起居空間

廚房：大變小

書房：獨立式變開放式

客房：調整為遊戲室與客房兩用

2 DATA

坪數：實坪 29 坪

家庭成員：夫妻、一個小孩

3 設計師的家概念

• 為家人共處留下足夠的空間

家是一家人一同生活的所在，在設計家的時候，也可以思考屬於你們家的風格，是喜靜或是好動，有沒有共同的喜好？家庭的凝聚力和空間息息相關，在設計時為家人共處留下足夠的空間，更能營造全家共享的時光。

• 打破傳統想像的空間設計

撇開客廳、餐廳、臥室這樣籠統的説法，先回想一下平日你在那裡做什麼？停留的頻率？以如何使用空間的角度去設計，才能真正貼合你的需求。客廳可以是健身房，書房也不一定需要一個完整的獨立空間，從需求出發的設計更能量身打造屬於你們的家風格。

第一次討論的平面配置圖

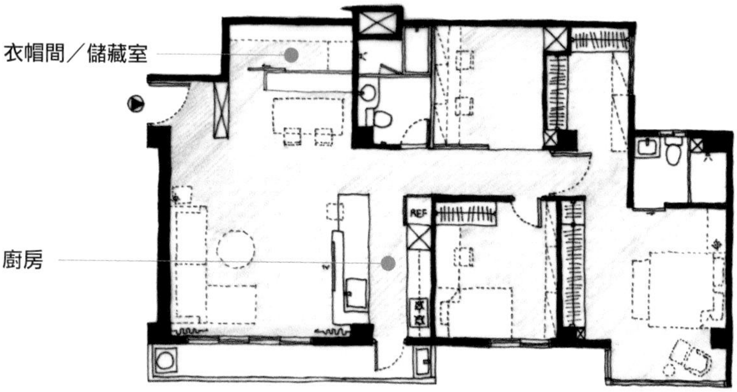

初次會議時，我將廚房空間作為房子的中心，其實對於只用來做輕食早餐的家庭而言，是不切實際的。

最終平面配置圖

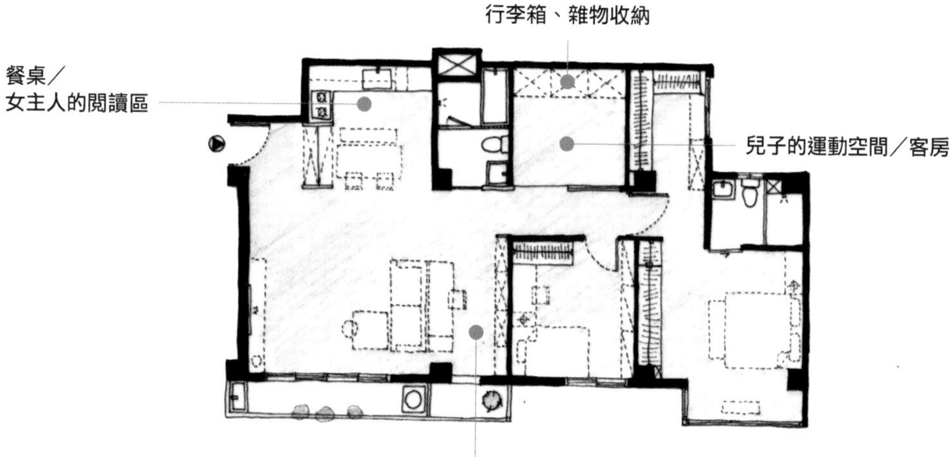

1 2 餐廚合一，雖然縮小了廚房的空間，但吧台的設計，上下各有廚具和零食的收納空間，女主人也有一小塊位置可以處理家務瑣事、整理發票等等。

3 由獨立書房轉化成開放式電腦事務區的概念，背面整面的黑色書牆則為男主人的藏書區。

1

3

2

4 隱藏在樑柱後的單槓，是男主人平時一面看電視一面運動的小機關，因為視線的巧妙設計，不會一入門就看到突兀的單槓。

5 原本書房旁的陽台和書房結合，並放入可以在室內向陽處生長的植株，為永遠一心多用的男主人留下一點舒緩的綠意。

6 為了可以兼做客房，半開放式的運動遊戲間拉門做了拉簾，平時拉開讓空間更開闊，而客人入住時拉起簾子，就能保有隱私。

7 除了可以兼做客房之外，也置入了整面無把手的收納櫃，留給愛好整齊的女主人足夠的收納空間。

8 因為主臥的對外窗和鄰居的棟距太近，所以設計了風琴簾，保留採光和隱私，而靠窗的小邊几，也是女主人休息靜心抄經的自在空間。

6

5

4

8

7

租屋也能住得很幸福

兼具住家與工作室的舒適空間——

買房子固然是很多人建立自己夢想家的方式，但是以現在的大環境，大部分人並沒有足夠的能力，可以買到現階段合適的居所，但租屋不代表就要委屈自己，或犧牲居住的舒適性，透過技巧性的調整，即使在有限的預算和不變動大格局的條件下，一樣能讓家有主人的樣子，住出自己的理想居所。

不更動主格局，創造舒適的生活機能

我自己也經歷過租屋的階段，因為當時房

價過高，所以暫不考慮買房。那時小孩才三、四歲，雖然平日可以送到幼兒園，但因為小小孩偶有發燒生病的情況，可能會被學校「退貨」，所以我希望能將住家和工作室結合，以便給小孩妥善的照顧。

當時看上這間位於民生社區的老宅，喜歡這裡被樹木包圍的氣息，格局也很符合我的需求，只要再進行小小調整即可。將原本位於最後方的廚房，往前移並改成開放式的親子廚房，原來的廚房改作儲藏室。使用可拆除的系統櫥櫃，將來搬家時也可以帶走，一點也不會心疼。另外，我需要一個餐廳兼會議室的空間，方便白天工作時進行簡報與討論，晚上就變成吃飯、看電視的家庭聚會場所。

輕裝修，打造家的味道

租房時的另一個重點，是需配合屋子的現況做設計搭配，這也是一種學習。我將前屋主做的天花板裝飾線板拆除，重新粉刷，讓整體結構變得乾淨清爽，而四十年的石子老地磚，只需稍微美容一下，就很有懷舊之美。對於租屋族而言，像是天花板、地板的裝修，都是帶不走的物件，所以盡可能保留屋子本身的狀態，選擇適合的家飾配件去適應原本的結構，也是一種經濟實惠又不失美觀的作法。

另外，租屋時也可以多多利用色彩、燈光和傢俱家飾來營造家的氛圍，透過可拆式的系統櫃和活動式電視櫃、衣櫃、家電櫃等等，進行隔間、收納和美化的功能，讓家可以很有彈性的度過這段時期，還能統一整體的居家風格和形象，讓租屋處變成現階段真正的家。

租屋族也能擁有質感生活

對於租屋這件事，很多人的觀念是反正都要搬，就不要用太好的東西，這個觀念不全然正確。有些人可能覺得因為是租房子，就用學生時代常用的鋁合金收納櫃架就好了，但是這樣卻犧牲了居家應有的生活質感。如果是使用可拆卸的系統櫃，雖然會增加預算，但不論本身的設計感或是使用機能性都更好，待日後租約到期，這些都可以直接打包到接下來的住所使用，也不會因為浪費而覺得心痛。選擇把錢花在可以帶得走的東西上，對於租屋族或是日後有售屋打算的人都是很好的方式。

建議在租屋時，至少和房東簽三年約，再花一點預算做簡易的裝修，即使我後來沒有住滿三年，但因為我利用原本的格局打造了一個一般人都能適應的空間，不管是當作住家或工作室，亦或是想轉換風格，都不會造成為難，所以很快就幫房東找到新的承租者，而新屋主只要換上新的傢俱家飾，就又能呈現出自己的樣子了。

1 屬於我們家的樣子

餐廳：白天的餐桌是工作桌，晚上為家人用餐場所

廚房：由屋子的後方移到前方，並改為開放式

工作區：隔出辦公空間並增加文件收納櫃

2 DATA

坪數：實坪 30 坪

家庭成員：夫妻、一個小孩

3 設計師的家概念

• 清楚現階段的需求

每個人在不同的人生階段會有不同的需求，如何在現有的條件下過好日子，需要的不是金錢，而是取捨的智慧，很多人會說等到以後買了房子，我就要……，好像要滿足一些生活的願望，非得有自己的房子才能完成，其實不用以後，在當下善用現有的資源，一樣能住得很舒服。

• 活用可拆式硬體，創造生活感

以租屋族而言，可以設定租屋的期間，攤提投入的金額，其實有時候可能只需要簡單的整理一下，就能提升使用機能。如果有預算，也可以請系統傢俱幫忙規劃，使用可以拆卸的系統傢俱，在空間的運用配置上，比起無法任意移動的木作傢俱來得輕鬆、方便，也比傳統的活動傢俱多了人性化和實用性。

平面圖

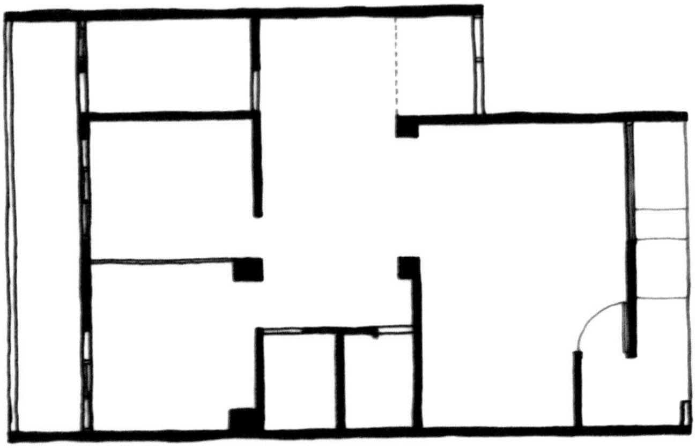

Before

工作區

通鋪

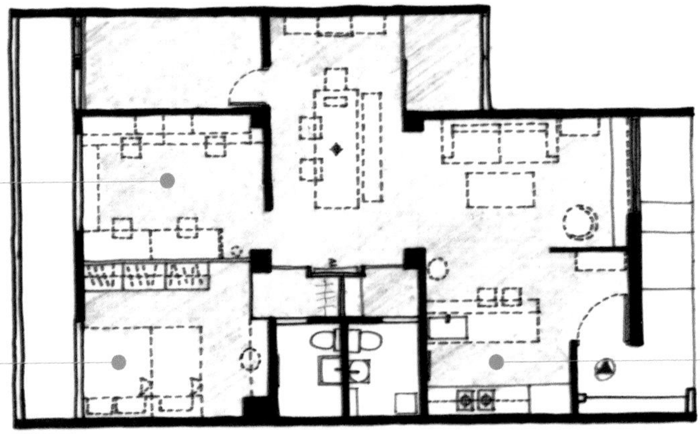

輕食廚房

After

* 使用活動傢俱

老宅累積了許多歲月的美好，醞釀出靜謐的日常，生活其中，一切都變得優雅。

1 2 客廳的對面空間是廚房，另一側是餐廳，形成三個場域一氣呵成的空間。

3 白天是討論工作的會議桌，夜晚則變成全家人的用餐場所。

4 劃出一個工作專區，設置足夠的收納櫃和文件櫃。

5 簡易的廚房與吧檯，作為同事的休憩空間。

6 佛祖石雕像、石質盆器，和石子地板極為呼應。

7 因同時作為工作室，所以打造隱藏式的洗手間，提供較隱密的公共空間。

8 大型的盆栽，為空間帶來極美好舒適的氛圍。

5

4

8

7

6

不過敏的清新實木家——

減少布面家飾，改善一家三口的過敏症狀

許多人都有過敏的困擾，除了是天生體質的關係，很多時候更是因為身處在易過敏的居家環境所造成。居家過敏源往往摸不著也看不到，讓人生活其中不易察覺而忽略其影響性。其實透過一些居家裝潢布置的調整，就能大大降低過敏源，改善過敏的不適症狀。

實木打造無毒家居，減少化學物質的侵害

這是一對中年夫妻的家，女兒已經上大學，剛開始與他們接觸時，屋主其實沒有特別的想法與需求，不過因為之前舊家位於潮濕的山區，常常一早起床就會狂打噴嚏，全家深受過敏之苦，於是這次的換屋裝修，我幫這個家以「杜絕過敏源」來做整體的規劃。

居家環境中其實藏有很多過敏源，盡可能消除這些過敏來源，自然就可以大大降低過敏的不適症狀。首先在建材方面，盡量避免木作，改以系統櫃和實木傢俱來替代，降低甲醛、黏著劑等化學物質散布在居家空間的可能，對呼吸系統較好。地板也使用低甲醛的陽光柚木。近年來大家對於「無毒空間」的觀念提升，懂得避免處於化學環境中，市面上也提供了很多對人體無害的「綠建材」，可以多多利用這些安心的建材，打造一個健康的家。

減少布面家飾，杜絕塵蟎

另一個要對抗的過敏大敵，就是肉眼看不到的塵蟎。塵蟎通常喜歡居住在有灰塵，或是人類、動物的皮屑和毛髮裡，除了勤打掃、保持居家乾爽清潔外，應盡量避色使用布織品、毛地毯等家飾。

房間的化妝椅選擇塑膠材質的椅面加上木頭椅腳的款式；燈罩用玻璃

取代布罩；捨棄布窗簾，改用風琴簾或是膠質捲簾等等，不過像是棉被、枕頭等寢具，無法以其他材質取代時，可以選用超細纖維材質的床單、枕頭套，或是防蟎寢具，防止塵蟎鑽進被窩內。從細節一一著手時，屋主也才發現到，原來打造不過敏的環境，有這麼多可以改善的空間。

沉穩溫潤的木質之家

雖然皮製沙發可以讓過敏源無處躲藏，是較優先考慮的選擇，不過因為屋主很喜歡溫暖的布面質料沙發，所以折衷選擇防潑水的防塵布面材質沙發。

很多人擔心少了布面質料的家飾，空間會變得較為冰冷，不過我們利用很多實木材質的家飾，像是櫃子、長桌、長椅、化妝櫃、衣櫃等等，增加空間的溫潤感，平衡整體風格，一樣讓人感到溫馨舒適。

1 屬於他們家的樣子

因為是新成屋，所以盡量不要變動到隔局，以免浪費裝修成本，只將原本三房的其中一房變成具穿透性的書房，滿足屋主的需求並增加視覺的寬敞性。其他透過顏色的變化，和多種木質傢俱的搭配，讓家的風味更貼合主人的個性。

2 DATA

坪數：實坪 25 坪

家庭成員：夫妻、一個上大學的女兒

3 設計師的家概念

和屋主聊過幾次天後，發現他的個性簡單務實，所以幫他規劃出這個平實樸質的實木之家，他也馬上同意了這樣的概念，並感到興奮與期待。不過為了避免木製傢俱過多時，容易造成空間過於沉重，所以搭配選擇顏色較淺的原木色，平衡較深色系的胡桃木，減少壓迫感。

1 簡約清爽的居家設計，更有利於打掃，可降低毛髮灰塵的累積。

2 採購搭配空間風格的實木傢俱，減少現場木工的施作，一樣可滿足收納的需求。

3 書房的窗簾，選擇灰塵不易附著的風琴簾。玻璃隔間，帶來寬廣的視覺延伸。

1

3

2

4 狹長的玄關可作為大面收納鞋櫃，用茶色鏡面可達到拓寬空間的視覺效果。

5 廚房採用非常好清潔的烤漆玻璃，避免磁磚縫隙卡汙垢。

6 玻璃燈罩取代布質燈罩、塑膠椅面取代布椅，降低使用布面材質。

7 選擇超細纖維材質的床單、枕套，以避免塵蟎滋生。

8 主臥捨棄布窗簾，改用膠質捲簾，化妝桌、矮櫃都採用實木傢俱。

6

5

4

8

7

退休老師的夢想之家——

轉換人生的重心，實現退休後的理想居家生活

這是一位即將退休的老師，著手規劃自己之後的退休生活。因為兒女都已成家，退休後想將住在南部的父母接來一同居住，以方便就近照料。

享有自我空間，又能守護家人的半開放式書房

我設計的案子中，很多都是剛成家的年輕小家庭，或是兒女已長大的中年換屋族，而這

個案子的特別之處在於家庭成員都較為年長，所以在裝潢上，需要有特別的考量與更貼心的設計。

屋主考慮退休後待在家裡的時間會變長，所以希望在家就能從事自己喜歡的休閒生活，因此我為喜歡閱讀的屋主，規劃了一間可以看書和喝茶休憩的書房。書房採取半開放式，具穿透性的空間不會讓人感到壓迫，即使長時間待在裡面，也不會覺得悶，另一方面，也可以隨時注意房外父母的動態。老人和小孩很像，需要常常看顧著，在設計上也要以安全性做首要的考量。

為年邁的父母，打造一個安心的環境

原來的格局已經很符合屋主的生活需求，加上因為是新成屋，我盡量不變動它的格局，避免增加裝潢成本。原先的四房，一間做為主臥，一間為書房，另外兩間臥房則給已分房睡的父母。整體的空間，以木質桌椅、櫃子，加上白色、綠色的牆面與家飾，營造清爽舒適。

因為廚房空間不大，所以在餐桌旁創造了一個餐櫃和置物架，可將一些小家電和餐具擺放在這裡，不但使用方便，又可以分擔廚房的空間。選擇圓桌作為餐廳的餐桌，一方面長輩們較喜歡代表團圓、圓滿的圓桌，一方面可避免方桌有稜有角的桌邊，以及被桌腳絆倒的危險。圓桌與四周傢俱都保有一百二十公分以上的距離，保持寬敞的行走動線。

不方正的格局，並非就是不好住的房子

這一間房子另一個特別的地方，在於它並非大家喜歡的「格局方正」的房子。很多人看屋買房時，總是在意格局方不方正的問題，一看到平面圖充滿了許多「邊邊角角」，就會立刻拒絕。不過在設計師眼裡，大家認知中不方正的格局，並非就是不好住的房子，我們稱這種看起來有缺角的房子為「鑽石型」或「扇型」格局，其實只要懂得善用畸零的小空間，還是可以住得很舒適，完全不會感覺到自己是住在一個「不方正」的房子裡。

這間房子其實並沒有因為「不方正」而造成居住上的困擾，反而有許多優點，像是擁有雙面採光，讓每間房間都照得到充足的自然光線，連浴室也有對外窗戶。客廳空間夠大，還可以創造出玄關儲物室、也有適當的空間規劃出一個完整的餐廳，該有的生活機能，並沒有因為格局不方正而造成影響。如果大家遇到格局不方正的房子，也可以試著深入了解，給它一個機會吧！

1 屬於他們家的樣子

這一間房子其實是一間「實品屋」，所謂的實品屋就是建設公司為了讓大家可以實際感受一個家的氣氛，所先行做的裝潢。而屋主當時一看到這個家的配置與風格，覺得完全符合他的需求，認定就是他想要住的房子，只要再擺放入自己的物品，就很有個人家的味道。

2 DATA

坪數：實坪 27 坪

家庭成員：屋主、屋主的父母

3 設計師的家概念

其實人處在一個空間裡，並不會感受到格局是否方正，與其糾結在格局的方正性，採光反而是大家更需要評估在意的重點，這個案例就是一個很好的印證。

當初在打造這間實品屋時，腦中設想的對象是一對夫妻和兒女所組成的小家庭，所以保留了四房的空間，雖然後來購買的對象和預想的家庭結構不同，但也發現如果創造的是一個一般家庭都適合使用的空間，即使成員略有不同，但同樣能讓人感到舒適傾心。

平面圖

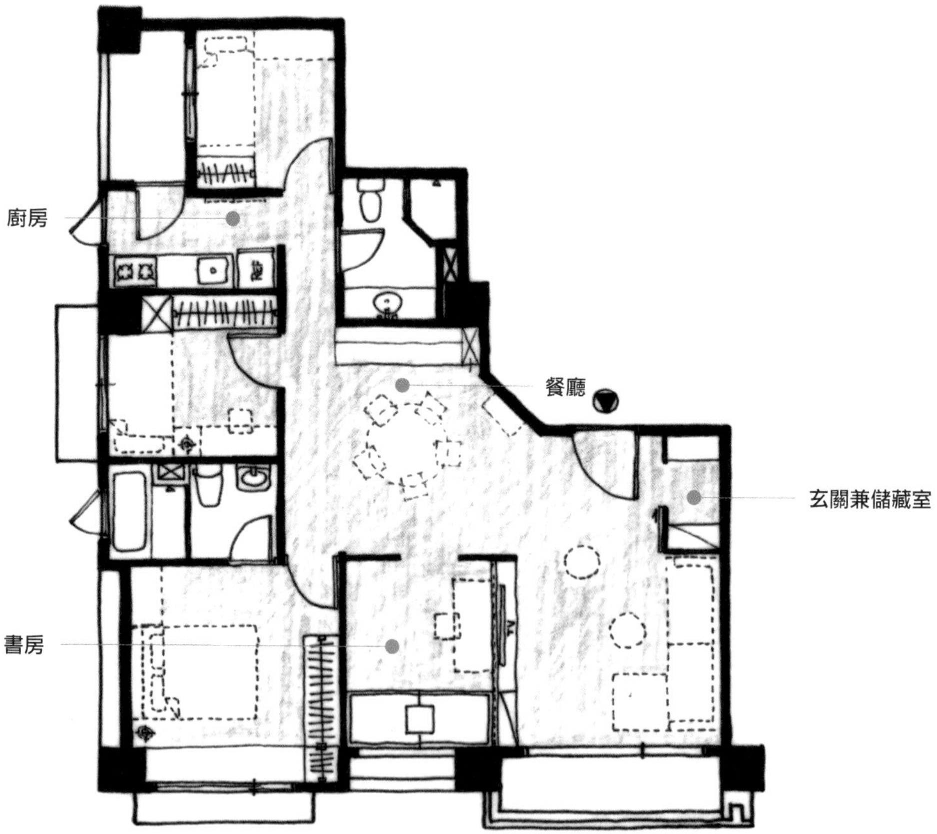

雖然非方正格局，但妥善利用畸零角落，也能創造出舒適空間。

1 2 採半開放式的書房，保有空間感，久待其中也不會感到壓迫不適。

3 客廳減少笨重的大茶几，以靈活的高低圓几搭配使用。

2

1

3

4 5 進門處設計了一個小小的儲藏室，可以擺放鞋子、包包、行李箱等物品。

6 書房將會是主人退休後的生活重心，靠窗邊處做了一個具有收納功能的泡茶休憩空間。

7 擁有大面採光的主臥，即使實際面積不大，也顯得舒適明亮。

8 圓形餐桌旁的餐櫃、置物架，解決狹小廚房空間擺放不足的問題。

9 沙發側邊預留凹洞，順手放置生活雜誌、用品，非常方便。

6

5

4

7

9

8

後記——

如何找到適合的設計師？

在從事住宅設計師的生涯中，我常常會遇到各式各樣的詢問，而最常遇到、也最難回答的就是「多少錢」，許多人可能會在開始尋找設計師時，第一時間就請教一坪多少錢。

不過就像辦酒席一樣，有一桌三千元的菜，也有一桌三萬元的菜，兩者沒有高下之分，端看你的需求和預算，三千元的桌菜也能辦得實惠大方，但可能就少了燈光美、氣氛佳的場地和無微不至的服務。而三萬元的桌菜，對只求食材實在、料好澎湃的客人來說，可能就流於場面而不實吃，所以得要看個別狀況不同，選擇自己最合適的方式。

新成屋、老宅，裝修時間與費用大不同

我在面臨報價時，也會希望先了解屋況和格局再處理，因為一間格局方正的新成屋，和超過三十年屋齡的公寓老宅，兩者在施工時要花的金錢和時間大不相同，當然不可能會有相同的報價。

而我聽過的裝潢糾紛也常發生在兩者的認知不同，畢竟裝修不是一筆小錢，大家當然會希望物有所值，所以在裝修前，不妨先檢視一下自身的條件和狀況，究竟你適合找設計師、工班、統包工程公司，或者系統傢俱商就能滿足你的需求，先自我檢核後才能找出最適合你的方式。

別將「預算」作為裝潢評估的唯一考量

許多人找設計師或工班時，會以有沒有錢來決定，不過不要因為沒錢，就退而求其次的找工班，其實預算少也有預算少的做法。如果只考慮費用，而不考慮自己有沒有辦法監工、對裝潢是否有足夠知識，肯定會是場大災難。

其實像老宅、中古宅，這樣需要大幅度整修的住宅，如果對於美沒有這麼多的需求又能自行監工，找工班也許比找設計師合適，因為真正倚重

的是施工專業的工班，即使是設計師也需要仰賴工班的技術。可是如果你很注重風格和美感，也許一個擅於使用色彩，風格和你的想法很接近的設計師，可能更符合你的需求。

但選擇工班的第一個前提就是，你有時間嗎？對於一些以接案維生的自由工作者而言，監工並不影響他的日常工作，可是如果你是朝九晚五的上班族，時間沒有太大的彈性，還是選擇可以幫你全套服務的設計公司吧！

設計師當然不是你的唯一選擇，如果你對家很有自己的看法，做足了功課，也衡量過自己的時間精力，其實我很鼓勵大家可以自力裝修，這是一個非常好的學習機會，讓你找到不同專業的人，像是水電、木工、油漆……，一起來幫你打造夢想居家。但可能要有心理準備，整個過程非常繁瑣、也非常辛苦，

善用統包公司，解決屋況問題

除了自行監工外，統包工程公司也是一個選項，譬如說，當你的屋況老舊需要做翻新，但格局不需做大改動，那麼你可能會需要統包公司的協助，因為從拆除、泥作等等，你只需要面對單一的窗口，統包工程公司能

幫助客戶找到適合的師傅處理，如果能找到信譽口碑良好的公司，其實真的可以省下不少功夫與費用。統包也許在美學素養不如設計師，但技術上是沒有問題的，對於比較務實的人而言，是很好的選擇。

當然如果你只需要局部裝修以改善生活機能，像是衛浴工程商、餐廚工程商，還有一些系統櫃公司，對於一些居住情況尚可、但可能缺乏收納空間或是想要改善衛浴或廚房空間，找到這些專門的公司處理，都能解決你的問題。

除了規劃預算，更需要了解自己想要的生活

考慮一下自己的時間、金錢和能力，如果預算夠多、又追求美感，一間設計公司當然可以幫上不少忙，但事前仍然要做好功課，除了比較一坪多少錢之外，更重要的是了解自己在裝潢時的需求，把條件限縮到一定範圍內，才能找到最適合你的設計師，而不是大海撈針。

在市場很大、訊息繁多的時候，當然更應該做足準備，例如：大部分有規模的設計公司都會有所謂的案前設計費，這筆費用是針對客戶在正式裝潢前，做現場丈量、繪製原始平面圖，再依屋主的初步需求繪製平面配置圖的部分。也有一些系統傢俱商或設計師基於推廣的立場，做免費的服

務。這些不同做法常會讓人不知從何選擇，如果能清楚自己的各項條件和需求，答案自然呼之欲出。

而正式開始裝修前，也不妨把本書做為你的心理作戰手冊，從了解自己開始，找到理想的生活型態，寫下屬於自己的生活腳本，如此一來，不論和設計師溝通，或是自力裝修都能事半功倍。

裝修檢視表

自己到底適合請設計師？或是自行裝修？透過下列這些問題，可以幫助大家進行自我檢視，找到裝修的方向。

一、屋況評估

- **15年以上的房子或屋況老舊↓**資深設計師

房子的屋齡越大，基礎工程越會有翻新的需求，老舊的管線或複雜的修繕難題，建議交由較具經驗的資深設計師做全面的評估與改善。

- **15年以下的房子或新成屋↓**年輕設計師

屋齡年輕的房子，較不會有管線方面的問題，格局也較符合目前的潮流需求，如果只是想微調美容一番，可交由年輕設計師發揮創意。

• **改善單一空間** ↓ 專業工班或統包工程

如果只是單一的空間需要改造，像是浴室、廚房等，設計師較難計算費用，所以鮮少會接此類型的案子，建議找專門的師傅較為適合。

二、自身評估

• **時間有限、朝九晚五的上班族** ↓ 設計師

裝修是一個極為繁複的過程，如果沒有足夠的時間與精力，建議交由全套服務的設計公司，可避免工作裝修兩頭燒。

• **想要營造家的風格** ↓ 設計師

對於家的打造毫無頭緒，但想要住在一個舒適適切的家的人，可以交由設計師，幫你找到裝修的方向。

・不考慮風格營造，只想改善老舊屋況↓專業工班或統包工程

設計師主要的工作，是改造格局、創造美學，所以如果只是想改善老舊屋況，交由專業工班處理就已足夠。

・對美學有自我堅持與要求↓自行DIY或找工班配合

如果屋況允許，本身具有美學概念，非常建議大家自行找信賴的工班配合，可省下與設計師的溝通時間，還可以享受裝潢的樂趣。

三、預算評估

・預算有限↓專業工班、統包工程公司、年輕設計師

預算有限下，需先著重在管線等基礎工程，可以直接找專業工班或統包工程公司處理。年輕設計師的費用相對較低，雖然經驗較少，但具有熱情與創意，善於改造家的氛圍。

・預算充裕↓資深設計師

如果想要做好基礎工程、營造居家風格、預算充裕的情況下，可交由裝修經驗豐富的資深設計師發揮。

生活樹系列 040

每個家，都該有主人的樣子

作者	朱俞君
總編輯	何玉美
副總編輯	陳永芬
主編	紀欣怡
照片提供	寬空間美學事務所
文字構成	鍾宜君
封面設計	萬亞雰
內文排版	萬亞雰
出版發行	采實出版集團
行銷企劃	黃文慧・鍾惠鈞・陳詩婷
業務發行	林詩富・張世明・楊善婷・吳淑華
會計行政	王雅蕙・李韶婉
法律顧問	第一國際法律事務所　余淑杏律師
電子信箱	acme@acmebook.com.tw
采實粉絲團	http://www.facebook.com/acmebook
ISBN	978-986-93718-3-4
定價	380 元
初版一刷	2016 年 11 月
劃撥帳號	50148859
劃撥戶名	采實文化事業股份有限公司
	104 台北市中山區建國北路二段 92 號 9 樓
	電話：(02)2518-5198
	傳真：(02)2518-2098

國家圖書館出版品預行編目資料

每個家，都該有主人的樣子 / 朱俞君作 . -- 初版 . --
臺北市 : 采實文化 , 2016.11
面； 公分 . -- (生活樹系列 ; 40)
ISBN 978-986-93718-3-4(平裝)

1. 家庭佈置 2. 室內設計 3. 空間設計

422.5　　105018614

采實出版集團
ACME PUBLISHING GROUP